U0311561

谨以此书献给中国气象学会成立100周年

青岛天气预报
技术手册

马艳 耿敏 郭丽娜 等 著

气象出版社
China Meteorological Press

内容简介

本手册整理并吸纳了近五年青岛地区天气预报技术方面的研究成果，共分为 8 章，系统地总结分析了影响青岛地区的主要灾害性天气气候特征、预报技术方法和预报着眼点等。其中，第 1 章阐述了青岛地区自然地理特征及气候特征；第 2 章阐述了影响青岛的主要天气系统及特征；第 3 ~ 8 章分别给出了青岛地区强对流、降雪、海雾、暴雨、大风和影响青岛的热带气旋天气系统特征和预报技术方法。

本手册可供青岛地区从事天气气候分析预报预测的气象、水文、航空、农林、海洋、环境等领域的工作者参考，也可供相关行业的科研人员和高校师生参考。

图书在版编目（ＣＩＰ）数据

青岛天气预报技术手册 / 马艳等著. -- 北京 ： 气
象出版社，2024.3
　　ISBN 978-7-5029-8165-5

　　Ⅰ．①青… Ⅱ．①马… Ⅲ．①天气预报－青岛－技术
手册 Ⅳ．①P456-62

中国国家版本馆 CIP 数据核字（2024）第 050002 号

青岛天气预报技术手册
Qingdao Tianqi Yubao Jishu Shouce

出版发行：气象出版社
地　　　址：北京市海淀区中关村南大街 46 号　　　邮政编码：100081
电　　　话：010-68407112（总编室）　010-68408042（发行部）
网　　　址：http://www.qxcbs.com　　　E-mail：qxcbs@ cma. gov. cn
责任编辑：蔺学东　　　终　　审：吴晓鹏
责任校对：张硕杰　　　责任技编：赵相宁
封面设计：艺点设计
印　　　刷：北京地大彩印有限公司
开　　　本：787 mm × 1092 mm　1/16　　　印　张：9.5
字　　　数：248 千字
版　　　次：2024 年 3 月第 1 版　　　印　次：2024 年 3 月第 1 次印刷
定　　　价：90.00 元

《青岛天气预报技术手册》
编　委　会

前　言

　　青岛市地处山东半岛东南部地区，易受西风带和热带天气系统的影响。冬季盛行西北风，夏季盛行东南风，雨热同季，四季较为分明。受海洋的影响，自西北到东南沿海地区，海洋性气候特点愈加显著。境内地形复杂，西北面有半岛低山丘陵，东南部有崂山，南临黄海，特殊的地理位置使得青岛天气复杂，一年四季气象灾害频繁，其中春季多大风和干旱，夏季多暴雨、强对流，秋季易出现连阴雨，冬季寒潮、大风、雾/霾等频发，可造成严重的经济损失和人员伤亡。

　　青岛是中国近代气象事业的发祥地之一。经过70余年的建设和发展，青岛的气象事业发生了历史性变化，已建立短时临近、短期、中期的无缝隙预报预警业务，形成了基于卫星的海雾实时监测系统，研发了基于大数据人工智能的强对流天气监测和短时临近预报系统。台风、暴雨、强对流、海雾等灾害性天气的监测预警能力不断增强，天气预报的准确性和时效性不断提高，服务能力明显增强。

　　本手册是集体智慧的结晶，全书由马艳策划、主编和审查定稿，耿敏负责编写组织和统稿工作。编写大纲经多位专家数次研究讨论确定。编写成员主要来自青岛业务一线，各章节主要编写人为：第 1 章：郭丽娜、刘学刚；第 2 章：耿敏；第 3 章：江敦双、郭飞燕、万夫敬、李欣、王建林、张凯静；第 4 章：凌艺、任兆鹏；第 5 章：时晓曚、高荣珍、马艳、张璐、张凯静；第 6 章：董海鹰、李斌、李欣、郭丽娜；第 7 章：于慧珍、马艳、郭丽娜；第 8 章：郝燕、马艳。

　　本手册的编写得到了青岛市气象局领导的精心指导和帮助，以及相关处室和其他单位的大力支持。此外，还有很多专家对本手册提供了帮助，不再一一赘述，在此一并表示感谢！

编者

2023 年 6 月

目　录

第1章 青岛市自然地理及气候特征

1.1 自然地理特征

青岛市（35°35′—37°09′N，119°30′—121°00′E）地处山东半岛东南部、南黄海之滨，地域东南临海，陆域地势呈东高西低、南北两侧隆起的地貌特征，山地、丘陵、平原、海滨低洼地兼而有之。崂山山系、大泽山山系、胶南山系是青岛的三大山系。青岛的河流均为季风区雨源型，地下水主要为降水补给。青岛近海海底地貌属黄海南部地貌区，可分为潮流三角洲、海湾堆积平原、浅海堆积平原、浅海残积平原、近海沟谷、水下沙丘及浅滩等类型。青岛陆地植被属暖温带落叶阔叶林带，天然植被具有明显的次生性。青岛市下辖市南、市北、李沧、崂山、城阳、西海岸新区、即墨 7 个区，莱西、平度、胶州 3 个市，总面积 11282 km²，海域面积约 12000 km²（图 1.1）。

1.2 气候特征

青岛属温带季风气候，冬季盛行西北风，夏季盛行东南风，雨热同季，四季较为分明。受海洋的影响，自西北向东南沿海地区，海洋性气候特点愈加显著。气候温和湿润，雨量较为充沛，冬季基本无严寒，夏季一般无酷暑，春末夏初多海雾。"春迟、夏凉、秋爽、冬长"是青岛沿海地区显著的季节变化特点。

全市年平均气温 12.8 ℃[①]，年降水量 664.4 mm，雨日 75.4 d，降雪日数 14.1 d，雾日 33.1 d，蒸发量 1546.1 mm，相对湿度 69%，日照时数 2434.7 h，日照百分率 55%，气压 1012.2 hPa，风速 3.1 m/s，大风日数 12.4 d。全市主导风向为西北偏北风，其次为东南偏南—东南风。

冬季（12 月—翌年 2 月）受大陆性气团的影响，盛行西北风；遇有极地冷空气侵袭时，常伴有大风、降温和降雪；1 月为冬季最冷月份，偶有短期的严寒天气出现。春季（3—5 月）降雪天气一般在 3 月中旬结束，霜冻于 4 月上旬终止，3 月中旬可闻初雷；4—5 月沿海区（市）多海雾。夏季（6—8 月）主要受副热带海洋性气团的影响，盛行东南风；6—7 月沿海地区多海雾，天气较湿热；6 月底至 7 月初进入汛期，多雷雨天气，时有热带气旋影

---

① 本节数据除百年极值外，均以 1981—2010 年全市 7 个国家气象台站的观测资料为依据，百年极值以 1898 年以来德国占领时期、日本占领时期及我国接管青岛气象观测工作以来的气象观测数据为依据，其中 1961 年以来气象观测站点在伏龙山。

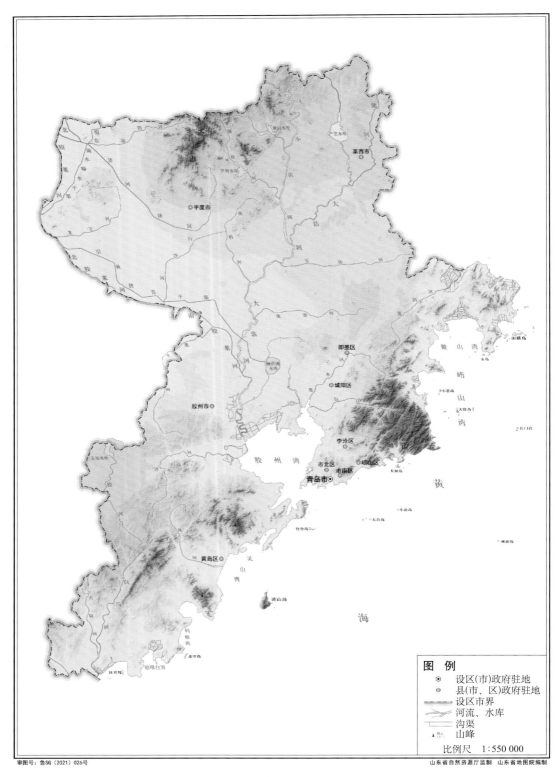

图 1.1 青岛行政区划图

审图号：鲁SG（2021）026号　　　　　　　　　　　　　　　　　山东省自然资源厅监制　山东省地图院编制

响，对青岛市造成重大影响的热带气旋，主要发生于 8 月。秋季（9—11 月）是青岛由夏季风向冬季风转变的过渡季节，气温变化较大，多晴爽天气；全市初霜最早在 10 月上旬，初雪在 10 月中旬。

（1）气温

如表 1.1 所示，青岛市全市年平均气温 12.8 ℃，市区为 13.0 ℃，各区（市）为 12.2 ～13.2 ℃。

全市冬季平均气温 0.1 ℃，1 月是全年月平均气温唯一在 0 ℃ 以下的月份；春季平均气温 12.0 ℃；夏季平均气温为 24.3 ℃，全年最热的月份，莱西、即墨、平度和胶州市出现在 7 月，市区、崂山和西海岸新区出现在 8 月；秋季平均气温 14.8 ℃，前期气温仍然较高，后期气温下降较快。

日平均气温 ≤ − 5.0 ℃ 的严寒天气日数，全市年平均为 7.9 d，市区为 3.9 d，各区（市）为 5.0 ～ 13.0 d；最早出现在 11 月 30 日，最晚终结于 2 月 27 日。

日平均气温 ≥ 30.0 ℃ 的炎热天气日数，全市年平均为 0.9 d，市区为 0.1 d，各区（市）为 0.7 ～ 1.8 d。炎热天气主要出现在 7—8 月。

表 1.1　青岛市各月平均气温及年较差　　　　　　　　　　　　　　　单位：℃

区（市）	1 月	2 月	3 月	4 月	5 月	6 月	7 月	8 月	9 月	10 月	11 月	12 月	年平均	年较差
市区	− 0.2	1.6	5.6	11.3	16.7	20.5	24.4	25.3	22.0	16.5	9.2	2.5	13.0	25.5
崂山	− 0.8	1.4	6.1	12.4	18.0	21.9	25.4	25.8	22.0	16.0	8.4	1.8	13.2	26.6
即墨	− 1.9	0.7	6.0	13.0	18.8	22.9	25.9	25.6	21.3	15.1	7.2	0.6	12.9	27.8
莱西	− 2.9	− 0.4	5.0	12.1	18.1	22.5	25.5	25.1	20.7	14.3	6.4	− 0.3	12.2	28.4
平度	− 2.3	0.3	5.6	12.4	18.3	22.7	25.5	25.2	21.1	14.7	6.8	0.1	12.5	27.9
胶州	− 1.8	0.8	6.0	12.7	18.4	22.5	25.5	25.5	21.3	15.2	7.4	0.6	12.9	27.6
西海岸新区	− 0.9	1.3	5.8	12.1	17.6	21.5	25.2	25.6	21.7	15.5	8.1	1.5	12.9	26.5
全市平均	− 1.5	0.8	5.7	12.3	18.0	22.1	25.4	25.4	21.4	15.4	7.6	1.0	12.8	27.2

注：最高月平均气温与最低月平均气温之差，称为气温年较差。

如表 1.2 所示，市区极端最高气温为 38.9 ℃，各区（市）的极端最高气温在 38.6 ～ 41.0 ℃。市区的极端最低气温为 − 11.7 ℃（1898 年以来的百年极值为 − 16.9 ℃，出现于 1931 年 1 月 10 日），各区（市）的极端最低气温为 − 21.1 ～ − 16.3 ℃。

表 1.2　青岛市极端最高、最低气温及出现日期

区（市）	极端最高气温			极端最低气温		
	极值/℃	日期（日/月）	出现年份	极值/℃	日期（日/月）	出现年份
市区	38.9	15/7	2002	− 11.7	4/1	1986
崂山	39.5	15/7	2002	− 12.5	25/1	1990
即墨	38.6	2/9	2002	− 17.3	25/1	1981
莱西	39.8	24/6	2005	− 21.1	27/1	1981
平度	38.7	24/6	2005	− 18.3	14/1	2001
胶州	39.7	2/9	2002	− 18.3	27/1	1981
西海岸新区	41.0	15/7	2002	− 16.2	27/1	1981

（2）降水

全市平均年降水量为 664.4 mm，市区为 664.1 mm，各区（市）为 612.0 ~ 743.5 mm（表1.3）。降水主要集中在夏季，平均为 404.2 mm，占全年降水量的 61%，8 月最多，平均为 173.8 mm，其次在 7 月，平均为 156.0 mm。冬季降水稀少，各月降水量仅 10 mm 左右，是全年降水最少的季节。春、秋季节降水量分别占全年的 16% 和 19%。初雪在 10 月，终雪在 3 月，冬季全市平均降雪日数为 11.2 d，占全年平均降雪日数的 80%。

最多年降水量：市区为 1353.2 mm，各区（市）在 964.1 ~ 1457.2 mm；最少年降水量：市区为 308.3 mm，各区（市）在 267.7 ~ 412.5 mm；最大月降水量：市区为 482.2 mm（2007 年 8 月），各区（市）在 352.4 ~ 556.1 mm；最大日降水量：市区为 241.2 mm，各区（市）在 172.7 ~ 303.5 mm。

表1.3 青岛市年平均及最大最小降水量、日最大降水量

区（市）	平均年降水量 /mm	年最大		年最小		日最大		
		降水量 /mm	出现年份	降水量 /mm	出现年份	降水量 /mm	日期（日/月）	出现年份
市区	664.1	1353.2	2007	308.3	1981	241.2	11/8	2007
崂山	641.4	1061.7	2007	273.2	1981	190.1	11/8	2007
即墨	693.4	1039.5	1985	294.6	1981	303.5	19/8	1997
莱西	644.9	965.1	2003	377.0	1981	172.7	20/8	1997
平度	612.0	964.1	2003	267.7	1981	185.2	11/8	1999
胶州	651.0	970.9	1990	322.1	1981	211.3	1/8	2001
西海岸新区	743.5	1457.2	2007	412.5	1981	299.9	16/8	1990

（3）日照

全市年平均日照时数为 2434.7 h，市区为 2388.6 h，各区（市）在 2334.1 ~ 2581.3 h。全年中，5 月日照最长，平均为 250.4 h；12 月最短，平均为 171.2 h（表1.4）。

表1.4 青岛市各月平均日照时数　　　　　　　　　　　　　　　　单位：h

区（市）	1 月	2 月	3 月	4 月	5 月	6 月	7 月	8 月	9 月	10 月	11 月	12 月	全年
市区	172.2	176.8	211.1	227.2	241.0	199.1	180.1	208.7	210.6	212.7	176.9	172.2	2388.6
崂山	162.6	166.4	203.7	230.2	242.3	209.4	181.4	199.6	203.2	203.6	171.4	160.3	2334.1
即墨	174.7	177.7	215.1	238.4	256.5	224.4	194.2	204.1	208.4	207.1	174.6	169.4	2444.6
莱西	178.6	179.3	219.5	245.4	258.9	230.2	202.8	222.2	215.1	215.7	180.1	171.6	2519.4
平度	185.4	187.4	223.1	246.7	266.0	234.9	199.5	221.3	225.3	221.4	186.8	183.5	2581.3
胶州	171.5	173.7	210.2	231.1	247.3	216.8	187.7	203.3	208.0	205.6	174.5	168.8	2398.5
西海岸新区	173.7	173.2	207.7	226.8	241.0	200.1	181.1	207.6	209.5	205.5	177.5	172.9	2376.2
全市平均	174.1	176.4	212.9	235.1	250.4	216.4	189.5	209.5	211.4	210.2	177.4	171.2	2434.7

全市年平均日照百分率为55%，市区为54%，各区（市）为53%~59%。全年中日照百分率，10月最高，为61%，7月最低，为43%（表1.5）。

表 1.5 青岛市各月平均日照百分率（%）

区（市）	1月	2月	3月	4月	5月	6月	7月	8月	9月	10月	11月	12月	年平均
市区	55	57	57	58	55	46	41	50	57	62	58	57	54
崂山	52	54	55	58	55	48	41	48	55	59	56	53	53
即墨	56	58	58	60	59	51	44	49	57	60	57	57	56
莱西	58	58	59	62	59	53	46	53	58	63	59	58	57
平度	60	61	60	62	61	54	45	53	61	64	62	62	59
胶州	55	56	56	59	57	50	43	49	56	60	57	56	55
西海岸新区	56	56	56	57	55	46	41	50	57	60	58	57	54
全市平均	56	57	57	59	57	50	43	50	57	61	58	57	55

注：日照百分率为实际日照时数与可照时数（可照时数，即在无任何遮蔽条件下，太阳中心从某地东方地平线到进入西方地平线，其光线照射到地面所经历的时间）之比。

（4）风

全市年平均风速3.1 m/s，市区为4.6 m/s，各区（市）在2.4~3.3 m/s。春季盛行南—南南东风，平均风速3.6 m/s；夏季盛行东南风，其次为南南东风，平均风速3.0 m/s；秋季盛行西北西—北风，平均风速2.7 m/s；冬季大部地区盛行西北西—北风（即墨区多西南风），平均风速3.1 m/s。

各月平均风速，全市以4月最大，平均为3.8 m/s，市区为5.2 m/s，各市在3.0~4.1 m/s；9月最小，平均为2.5 m/s，市区为4.0 m/s（8月亦为4.0 m/s），各区（市）在1.8~2.7 m/s。

年最大风速（指10 min平均风速的最大值）市区达25.7 m/s，各区（市）为17.3~25.7 m/s（表1.6）。市区各月的极大风速（指风的瞬时极大值）达27.6~35.6 m/s（表1.7）。

表 1.6 青岛市最大风速及出现时间

区（市）	最大风速/（m/s）	风向	出现日期（日/月）	出现年份
市区	25.7	SE	19/8	1985
崂山	24.0	ESE	19/8	1985
即墨	18.3	ESE	19/8	1985
莱西	20.0	WNW SSW	26/4，19/8	1983，1985
平度	25.3	WNW	26/4	1983
胶州	24.0	WNW	26/4	1983
西海岸新区	17.3	SSW NW	26/4，19/7	1983，1985

表 1.7　市区各月极大风速及出现时间

月份	极大风速/（m/s）	风向	出现日期（日）	出现年份
1 月	29.5	NNW	23	2009
2 月	27.6	E	18	1990
3 月	35.3	NW	20	1984
4 月	30.3	WNW	29	1983
5 月	29.7	N	8	1989
6 月	31.7	N	29	1983
7 月	34.4	W	12	1993
8 月	35.6	SSE	19	1985
9 月	28.8	E	1	1992
10 月	28.9	NNW	8	1981
11 月	32.4	NNE	27	1987
12 月	29.5	WNW	1	1990
累年	35.6	SSE	19/8	1985

全市的主导风向，3—8 月多为南—南南东风，9 月至次年 2 月多为北北西—西北风；唯即墨区的风向变化比较独特，8—10 月多为东北—东风，其他各月多为西南风（图 1.2）。

（5）相对湿度

全市年平均相对湿度为 69%，市区为 71%，各区（市）在 66%～71%。春、夏、秋、冬四季的平均相对湿度分别为 63%、79%、69% 和 64%。

3 月平均相对湿度最小，全市平均为 61%，市区为 66%，各区（市）在 57%～65%。7 月平均相对湿度最大，全市平均为 82%，市区为 87%，各区（市）在 78%～85%。

相对湿度≤30% 的日数，全市平均为 91.2 d，市区为 63.6 d，各区（市）在 77.1～117.0 d。3 月出现日数最多，全市平均为 14.7 d，市区为 10.7 d，各区（市）在 12.3～18.3 d；8 月出现日数最少，全市平均仅为 0.3 d。

相对湿度达到 100% 的日数，全市年平均为 9.2 d，市区和西海岸新区出现较多，分别为 18.0 d 和 15.5 d，其他各区（市）较少，平均在 4.5～8.8 d。各月均曾出现相对湿度达到 100% 的天气，6 月较多，市区平均为 3.5 d，西海岸新区为 3.2 d，其他各区（市）为 0.6～0.9 d；9 月出现较少，全市平均仅 0.4 d。

（6）雾

全市年平均雾日数为 33.1 d，市区为 53.5 d，各区（市）在 15.7～42.2 d；全年各月均有雾出现，平均雾日春季 8.3 d、夏季 9.9 d、秋季 6.9 d、冬季 8.1 d。秋季是市区、崂山、即墨和西海岸新区全年雾最少的季节，但莱西、平度、胶州等市地处半岛腹地，夜间辐射雾增多，秋季是全年雾最多的季节。

市区及沿海一带的崂山、城阳、西海岸新区的雾多发生于 4—7 月，月平均雾日 6～

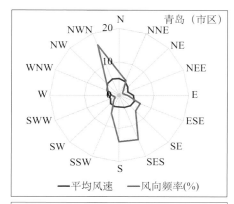

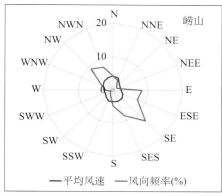

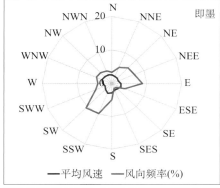

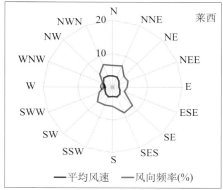

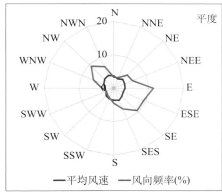

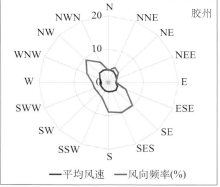

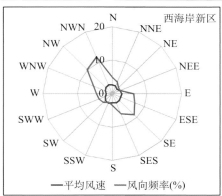

图 1.2 青岛各区（市）风向频率玫瑰图

11 d，最多可达 16~21 d。海雾大多在清晨 05—08 时出现，14 时后逐渐消散或减弱，有时在日落后再度加强，持续时间较长，如 1987 年 4 月 7—10 日，青岛市区雾持续时间长达 57 h 30 min。

莱西、平度、胶州和即墨的雾多发生在 7 月至次年的 1 月，主要是由于当地夜间天气晴朗，近地面层大气辐射降温强烈，形成辐射雾。此类雾多产生于夜间 02—03 时前后，日出后消散较快，持续时间较短，一般不超过 12 h。

全市轻雾出现较多，年平均日数为 210.9 d，市区为 211.3 d，各区（市）在 174.1~239.0 d。沿海区（市）的轻雾多出现于 6—8 月，内陆各市多出现于 6 月至次年 1 月。

1.3　气象灾害

青岛市的气象灾害有干旱、暴雨与洪涝、冰雹、台风、强降温与寒潮、大风、大雾、雷暴、龙卷、连阴雨、雪灾、低温冻害、高温、雨凇和雾凇。

（1）干旱

干旱是青岛市常见的气象灾害。季节性、局域性的干旱（轻旱以上干旱）每年都有发生，其中轻旱年平均为 1.5 次，重旱年平均为 0.9 次。四季发生大旱的比例，冬季为最高，占全年的 35.2%，其次是秋季，为 29.1%，春、夏季分别为 20.3% 和 15.4%；发生轻旱的比例，四季均为 25% 左右。

旱灾对农村生活和农业生产都造成了重大的损失。1981 年是青岛自 1971 年以来干旱最严重的一年，平均年降水量仅 322.2 mm，仅为常年的 49%，且四季连旱，旱情之重、持续时间之长是近百年所罕见。大沽河及其支流全部断流，大、中、小型水库大部分干枯。农田受灾面积 62.64 万 hm²，成灾面积 36.13 万 hm²。

2001 年 1 月 10 日至 7 月 29 日，降水持续偏少，出现旱灾。干旱最重的胶州市，从 4 月下旬至 6 月末，降水量仅 21.8 mm，0~40 cm 平均土壤相对湿度为 34%，干土层深度达 6 cm；全市的 642 个村庄有 46.44 万人、7.7 万头大牲畜饮水困难；农作物受灾 44.12 万 hm²，其中绝产 1.86 万 hm²；果树受灾 2000 hm²，减产 1 成左右；淡水养殖受灾 0.1 万 hm²，损失 400 万元；1374 座小型水库和塘坝、9970 眼机井和大口井、1.2 万台（套）提水设施干涸。共计损失 2.87 亿元。

2010 年 10 月 9 日至 2011 年 2 月 27 日，青岛市连续 141 d 无有效降水，平均降水量为 1.5 mm，是 1961 年以来同时段降水量最少的一年，较常年同期少 81.4 mm（98.2%）。即墨、胶州、黄岛从 9 月 11 日开始，连续 169 d 无有效降水。青岛市受旱面积 24.5 万 hm²，重旱面积 8.5 万 hm²，受灾人口达 131 万人，全市经济损失约 2.77 亿元。

2015 年 5—10 月，青岛市平均降水量 312.7 mm，比常年同期偏少 246.4 mm（44.1%），为 1961 年以来历史同期次少值。据民政部门统计，莱西受灾人口 82236 人，因旱灾需生活救助人口 14175 人；胶州受灾人口 16.5 万人，直接经济损失 1.63 亿元。

2016 年 3—9 月，连续 7 个月降水量比常年同期偏少，截至 9 月 30 日全市平均降水量 403.2 mm，比常年同期偏少 170.7 mm。其中汛期 6—9 月全市平均降水量 318.3 mm，比常年同期偏少 152.1 mm；全市平均气温 24.7℃，比常年同期偏高 1.1℃。气温偏高、降水偏少、蒸发较快，部分地区土壤墒情较差。8月下旬至9月下旬平度、莱西、即墨降水量仅为11.2~56.8 mm，干旱少雨，出现大面积干旱，给农业生产造成严重的经济损失。9月花生、玉米正处于成熟期，旱情使农作物不同程度减产，对冬小麦的播种造成不利影响。据统计，平度、莱西、即墨各种农作物受灾面积为115.07万亩[①]，成灾面积为30.60万亩，绝产面积为9.53万亩，受干旱灾害的影响全市直接经济损失达1.89余亿元。

2017年2—6月，全市平均降水量114.4 mm，比常年同期偏少76.0 mm（偏少40%），全市平均气温13.3℃，比常年同期偏高1.5℃，胶州、即墨、平度、莱西等地出现旱情。截至6月底，全市农作物受灾面积45973.74 hm²，其中成灾面积28616.5 hm²、绝收面积9426.6 hm²，直接经济损失1.91余亿元。

（2）暴雨与洪涝

青岛市的洪涝主要是由暴雨型河流洪水所造成。由于青岛地势东高西低、南北两侧隆起、中间低凹的地形特点，所以暴雨和洪涝常伴随而至，成灾快，防范难度大。

1994年10月15日，崂山风景区出现局地性暴雨，龙潭瀑山洪暴发，造成17名游客遇难的重大意外事故。

1999年8月9—12日，平度、胶州和黄岛先后降大暴雨、局部特大暴雨，三地发生严重洪涝灾害，直接经济损失达4.95亿元。仅胶州市倒塌房屋6373间，农作物受灾面积30851 hm²，冲走或浸泡粮食20160 t，淹死牲畜、鸡鸭等10万多头（只），给17.3万群众造成生活和生产的重大困难。

2012年9月21日，黄岛出现特大暴雨，降水量393.7 mm，造成城区多条路段严重积水，大量车辆被淹，长途客车全线停运，城区曾一度大范围停电。滨海、开发区、隐珠、张家楼等镇（街道）亦受灾较重，共造成经济损失1.1亿元。

2013年5月26—27日，受江淮气旋影响，青岛市大雨到暴雨、局部大暴雨，其中27日市区和崂山暴雨、黄岛大暴雨，降水量分别为70.8 mm、59.8 mm、139.6 mm。这次降雨过程创下了青岛市自1961年以来5月同期单站以及过程降水量的历史极值，降水过程还伴有大风，造成直接经济损失5290.49万元，转移安置人口254人。

2017年7月15—17日，受副热带高压边缘的切变线影响，平度普降大雨、局部特大暴雨，其中平度旧店镇降水量达到257.6 mm、大泽山镇197.0 mm，两地不同程度出现洪涝灾害，造成直接经济损失806.7万元，其中农业损失511.7万元。8月4—5日，莱西出现暴雨、局地大暴雨天气，其中莱西河头店降水量202.7 mm、水集163.1 mm、姜山161.7 mm。降水时间短，短时雨量大，造成道路路面和桥梁损毁，冲毁蔬菜大棚、塘坝、鱼塘、养殖大棚等农业设施，直接经济损失328.96万元，其中农业损失122.56万元。

2020年7月22—23日，青岛市出现暴雨到大暴雨、局部特大暴雨，全市平均过程降水量126.9 mm，23日5站大暴雨、1站暴雨，其中黄岛（161.4 mm）和青岛市区（160.5 mm）两站创1961年以来7月日降水量极值，即墨出现较强阵风，田横岛极大风速33.8 m/s（12级），崂山、即墨和黄岛部分地区遭受洪涝灾害，多处房屋倒塌受损，沉没渔船12艘，玉米、花生、果树及蔬菜等农作物受灾。灾害造成直接经济损失495.1万元。

---

① 1亩≈666.7 m²。

（3）冰雹

青岛的冰雹多发生在春、秋两季，特别是春夏之交和夏秋之交的时节比较频繁。一年中，全市冰雹最早出现在 2 月 28 日，最晚在 11 月 1 日。5 月冰雹出现的概率最高，占全年冰雹总日数的 34.6%，其次是 4 月，为 16%；12 月和 1 月为全市的无雹期（表 1.8）。青岛气象台站测得的最大冰雹直径为 40 mm（1989 年 5 月 8 日，胶州）。

表 1.8　青岛各月冰雹出现概率

月份	4	5	6	7	8	9	10
概率/%	16.0	34.6	12.3	8.6	4.9	4.9	14.8

一天中，冰雹发生的时间主要在下午和傍晚，发生概率分别为 53% 和 32%。中午、上半夜和午夜时间分别占 8%、3% 和 5%。下半夜、早晨和上午很少出现冰雹（图 1.3）。

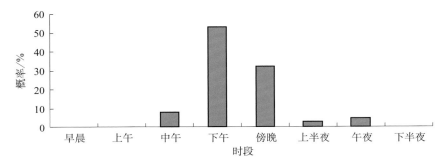

图 1.3　青岛市各时段冰雹出现概率

青岛市自北向南主要有 5 条冰雹路径，一般为西北—东南走向。黄岛、胶州、平度西部的丘陵地带和大泽山区是冰雹的多发区（图 1.4）。

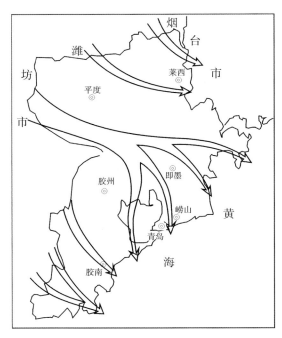

图 1.4　青岛市冰雹路径图

1989 年 5 月 8 日 15 时至 18 时 45 分，强烈冰雹分两路侵袭青岛市，一路由平度县西部经胶州市、黄岛区进入市区；另一路由烟台市的招远县侵入莱西市东部。全市有 4.67 万 hm² 粮食作物、0.73 万 hm² 蔬菜瓜果惨遭冰雹、大风袭击，近 1.33 万 hm² 作物绝产；打碎房瓦 140 多万页，砸破门窗玻璃 70 多万块；打死各类家禽 5 万余只；死 1 人，伤 1000 余人，直接经济损失 1.3 亿元。

2001 年 8 月 24 日，平度、莱西、即墨的 16 个乡镇先后遭受冰雹袭击。据现场群众反映，最大冰雹直径有 50 mm，积雹厚度 7 cm。农作物受灾面积 1.69 万 hm²，其中绝收面积 700 hm²，果树受灾面积 0.54 万 hm²，倒塌民房 5406 间，冲毁桥涵、塘坝 13 座，直接经济损失达 1.87 亿元。

2011 年 6 月 8 日 15 时 30 分，胶南市理务关镇西南部、大场镇北部受到冰雹影响，最大冰雹直径达 8 cm，持续时间约 12 min。此次灾情造成农作物受灾面积 12400 亩，损坏房屋 4200 间，直接经济损失达 400 多万元。

2018 年 6 月 13 日，受冷涡天气影响，青岛市自北向南出现冰雹、雷雨大风和短时强降水，受其影响，青岛、胶州、平度、黄岛出现大风、冰雹灾害，造成房屋树木倒塌、车辆砸伤、农作物受灾、渔船失联等，因灾死亡 10 人，经济损失近 3.15 亿元。

受高空冷涡影响，2020 年 5 月中下旬青岛市强对流天气频发，5 月 17—18 日、23 日和 27 日分别出现强对流天气过程。5 月 17—18 日，平度、莱西、即墨、黄岛、青岛市区站点均监测到冰雹，其中莱西站点冰雹直径 1.2 cm，部分地区冰雹直径达到 6 cm 左右。莱西和平度受灾较重，受灾作物主要有樱桃、杏、桃、大棚蔬菜、小麦等。23 日和 27 日青岛市大部地区出现雷雨天气，23 日莱西出现暴雨和冰雹，27 日平度、莱西和黄岛部分地区出现冰雹，黄岛部分乡镇受灾，农作物受灾面积 743 hm²，主要受灾作物为小麦、花生、蓝莓、樱桃等。

（4）台风

台风也是影响青岛市的主要气象灾害之一，每年大约有 1 个台风或外围影响青岛及其近海海域。

1985 年 09 号台风"玛美"在 8 月 14 日生成于台湾以东大约 200 km 的海上，8 月 18 日 12 时在江苏省启东县登陆后，沿江苏沿海北上。8 月 19 日 09 时，在青岛黄岛第二次登陆，穿越山东半岛和渤海海峡进入中国的东北地区。"玛美"是青岛市百年来第二次登陆的台风（第一次为 1939 年 8 月 31 日 06 时），市区最大风速东南风 25.7 m/s，极大风速南南东风 35.6 m/s。8 级以上大风持续了 17 h 17 min。全市过程平均降水量 317.1 mm，其中黄岛连降暴雨 5 d，过程降水量 430.8 mm。这次台风给青岛市的渔业、农业、林业、公路交通、供电、通信、水利设施、城乡居民生活等造成严重影响，直接经济损失达 5.08 亿元，有 29 人死亡，368 人受伤。

1997 年 8 月 8 日，11 号台风"温妮"生成于西北太平洋中部。8 月 18 日，在浙江温岭附近登陆，其中心穿过浙江、安徽省进入山东南部后消失，其后在山东省中部又生成一个副中心向东北方向移去。8 月 19、20 日，青岛市连降暴雨、大暴雨，全市平均降水量 215.9 mm。其中，即墨降水量 481.8 mm，个别乡镇日降水量高达 532 mm，暴发山洪。青岛近海出现风暴潮，沿海最高潮位 5.51 m，突破历史最高潮位纪录。全市经济损失近 10 亿元，死亡 14 人。

2012年8月3日03时10分，第10号台风"达维"进入山东省临沂市莒南县境内，4日01时30分进入渤海。受其影响，8月2—3日，青岛市普降大到暴雨、局部大暴雨。其中3日出现4站暴雨、1站大暴雨。红岛平均风力26.3 m/s（10级），阵风最大达到36.3 m/s（12级）；市区平均风力11.7 m/s（6级），阵风20.7 m/s（8级）。此次台风共造成直接经济损失5880.8万元，其中农业经济损失约5371万元，转移安置人口1362人。

2014年7月24—25日，受10号台风"麦德姆"影响，青岛市出现暴雨到大暴雨、局部特大暴雨，全市平均降水量166.8 mm，其中24日1站暴雨、25日7站大暴雨。特别是25日即墨130.0 mm、胶州202.8 mm、平度121.4 mm，均创建站以来7月日降水量最大值；莱西240.8 mm，创建站以来日降水量最大值。受台风影响，25日全市阵风风力较大，自动气象站监测到阵风11~12级。此次台风过程共造成直接经济损失1.9余亿元，转移安置人口4272人，其中农作物受灾面积16923 hm²，直接经济损失9336万元。

受台风"利奇马"影响，2019年8月10—13日，青岛市出现暴雨到大暴雨、局部特大暴雨，全市过程平均降水量86.5 mm，其中11日平度136.7 mm、即墨105.5 mm，青岛市区、崂山、莱西和黄岛暴雨。崂山山区出现极端强降水，11日，崂山区北九水（343.3 mm）、崂顶（326.4 mm）和青峰顶（321.0 mm）3站出现特大暴雨，平度市张戈庄（192.6 mm）、城阳区棉花（190.6 mm）等28站大暴雨，大泽山林场（99.9）、黄岛区六汪镇（99.0 mm）等99站暴雨。北九水、崂顶、青峰顶等9站日降水量突破本站历史极值，张戈庄、北宅等4站日降水量为本站历史第二多值，兰底镇为本站历史第三多值。台风影响时，本市风力内陆最大达6~7级，阵风8级，沿海和近海海域8~10级，阵风12~13级。此次台风影响过程解除前期的旱情，明显改善了土壤墒情，有利于在田作物的旺盛生长，但部分地区由于出现大风和短时强降水，导致夏玉米倒伏，花生、蔬菜等低洼地块内涝，少量蔬菜、果树、棉花受损等，全市农业受灾总面积10958.96 hm²，绝收总面积215.85 hm²，农业经济损失4075.93万元。

2020年第8号台风"巴威"8月22日生成，26日上午以强台风级别进入黄海并北上，27日08时30分前后在朝鲜平安北道沿海登陆。受其影响，8月25—27日，青岛市出现降雨，全市平均过程降水量66.3 mm，降水分布不均匀，部分地区出现暴雨到大暴雨、局部特大暴雨，其中26日即墨177.6 mm、平度148.9 mm、胶州56.1 mm。从区域站来看，26日4站出现特大暴雨：即墨区南泉镇351.5 mm、大信镇287.2 mm、张王庄250.5 mm和平度市南村镇260.4 mm。最大雨强出现在即墨区南泉镇，26日10—11时小时降水量达130.1 mm，而且前1 h雨强也达到了100 mm以上（108.9 mm）。城阳、即墨和胶州不同程度受灾，部分地区出现内涝，直接经济损失5.58余亿元。

（5）强降温与寒潮

青岛市年平均强降温（每年9月1日到次年的4月30日期间，24 h内最大降温达8.0℃以上）日数为1.4 d，最多的年份为3~5 d，仅个别年份无强降温天气。强降温最早出现在9月2日（1997年，胶州），最晚出现在4月29日（2007年，平度、莱西）。全市平均起、止日期分别为9月17日和4月9日。强降温天气主要出现在11月，占年平均总日数的36%；2月最少，仅占2%；3月和4月分别为11%和7%。青岛市区由于受海洋和城市环境等影响，强降温天气出现的时间偏晚半月左右，终止时间提前2个多月，分别为10月3日和2月16日。降温达12℃以上的天气，1981—2010年全市仅出现一次，为1998年12月1

日，市区、崂山和黄岛降温分别达 14.0、14.5 和 12.2℃。

寒潮指大范围的冷空气暴发现象（使某地的日最低气温 24 h 内降温幅度≥8℃，或 48 h 内降温幅度≥10℃，或 72 h 内降温幅度≥12℃，而且使该地日最低气温≤4℃的冷空气活动）。

1987 年 11 月 26 日，强寒潮影响青岛地区，48 h 降温达 16.2℃，最低气温达 -4.0℃，极大风速（北北东风）达 32.4 m/s，并伴有小雨、小雪和冰粒。各县区未收获的大白菜、萝卜等绝大部分被冻坏，造成青岛的冬菜奇缺，价格猛涨，成为当时社会的热点问题。

1990 年 12 月 1 日，寒潮侵袭青岛市，青岛日平均气温 48 h 下降了 9.6~13.7℃，最低气温下降至 -8.7~-5.6℃，市区极大风速达 29.5 m/s（西北西风），大风持续了 42 h。即墨翻沉渔船 21 艘，平度尹府水库因涌浪冲击局部塌坝，市区供电线路 100 多处断损，造成较大经济损失。

2013 年 11 月 9—11 日，受强冷空气影响，青岛市出现寒潮天气。11 日，即墨、胶州、黄岛、平度、莱西 48 h 内最低气温降幅均超过 10℃，12 日莱西、平度最低气温 -0.5℃。这次寒潮天气过程使各区（市）于 11 月 10 日集体进入气象意义上的冬季。

2016 年 1 月 22—24 日，受强冷空气影响，青岛市出现强寒潮天气，造成极端低温、大风和降雪。22 日夜间全市大部地区出现阵雪，23 日全市 7 站最低气温均跌破 -10.0℃，北部出现阵雪，市区出现大风，极大风速 17.9 m/s。24 日全市 7 站最低气温均跌破 -15.0℃，其中市区最低气温 -15.1℃，创 1958 年以来历史极低值，即墨和平度最低，均为 -16.9℃。

2018 年 1 月 22—24 日受强冷空气影响，青岛市出现寒潮天气，气温明显下降，并伴有小阵雪和大风。24 日除青岛之外，各区（市）最低气温均跌破 -10℃，莱西最低气温降至 -12.7℃，48 h 降温幅度大于 10℃。以这场寒潮天气为开始，1 月下旬至 2 月上旬，青岛持续低温严寒，小麦叶片普遍冻伤，特别是部分耕作粗放、晚播麦田冻害较重。

2020 年 12 月 29—31 日青岛市出现寒潮天气。全市降温幅度达到 8~15℃，最低气温均跌破 -11℃，31 日即墨最低气温 -14.3℃，为 2020 年的极端最低气温。青岛市区 48 h 降温幅度达 15.4℃，30 日最低气温 -11.2℃，为 1961 年以来当月第三低值。

（6）大风

大风（当瞬时风速≥17.2 m/s，即风力达到 8 级以上时，就称作大风）是青岛市比较常见的灾害性天气。冬、春两季的大风主要由强冷空气和寒潮暴发所造成，以偏北风为主；夏、秋两季的大风主要由热带气旋和温带气旋的影响，以偏南风为主。强对流天气也是引发青岛大风灾害的重要因素。

1980 年 11 月 7 日，即墨县王哥庄 1788 号渔船搭载 15 人去海阳，遭遇大风翻船，9 人丧生。

1991 年 7 月 19 日凌晨 03 时 30 分左右，青岛市区因飑线袭击，瞬时极大风速达 30.7 m/s，致使青岛港务局集装箱公司的两台塔吊相撞，造成严重毁坏，直接经济损失 1500 余万元，并造成 1 人死亡、1 人重伤、停产 4 个多月。

1996 年 6 月 13 日、15 日，平度市连遭雷雨大风袭击，极大风速分别达 25.8 m/s、30.8 m/s。损坏房屋 6 万余间，塑料大棚 958 个，小麦倒伏面积达 80%，死亡 8 人，伤 59 人，果树损失 23%，倒折电杆 700 余根，直接经济损失 1.68 亿元。

受冷暖空气交汇造成的局部强对流天气影响，2012 年 7 月 12 日下午，青岛市出现大风降雨天气过程，并伴有雷电活动。城阳区红岛、上马等街道遭遇强风暴雨袭击，16 时 10 分城阳区红岛街道自动气象站监测到极大风速达 49.2 m/s，部分社区民房、养殖区受损较为严重，直接经济损失约 500 万元。胶南西南部分镇也出现了短时大风降雨天气，大场、海青、泊里、大村（理务关）、琅琊等镇区受灾较重，农业直接经济损失约 1600 多万元，家庭财产经济损失约 200 万元。

2017 年 8 月 6 日 20—22 时，在一次飑线过境影响下，莱西、平度和即墨出现较强阵风，部分地区阵风达到 10 级以上，其中莱西夏格庄极大风速 35.5 m/s（12 级），造成大风灾害。农作物倒伏、房屋和大棚损毁、电力和通信线路损毁，直接经济损失 2.04 余亿元，其中农业损失 1.72 余亿元，受灾人口 102597 人。

2018 年 6 月 28 日，青岛市出现雷雨大风。雷雨时即墨、莱西等地最大风速 7~8 级，阵风 9~10 级，其中极大风速 04 时 15 分出现在莱西站，为 29.2 m/s（11 级）。大风灾害造成农作物倒伏、房屋和大棚损毁、基础设施损毁等，共计经济损失 1237.67 万元。

（7）大雾

大雾是影响青岛市区及近海能见度的主要视程障碍物，有时能见度仅有几十米，对航空、航海、公路交通等常造成严重影响，是引发交通事故的重要因素之一。长时间的大雾笼罩，也会导致空气质量的下降。

1979 年 7 月 24 日，一艘巴西籍 5 万吨级油轮，因海雾影响，在青岛胶州湾西部撞上黄岛油港码头，造成损失 550 余万元。同年 12 月，"鲁黄岛渔 0041 号"渔船，因雾中返航，触礁沉没，12 人丧生，仅 1 人幸存。

1999—2000 年，据胶州湾高速公路事故案卷记载，因大雾原因导致的交通事故 162 起，327 辆车受损，受伤 91 人，死亡 8 人。

2012 年 5 月 10—15 日青岛前海能见度均不超过 50 m，受大雾影响，连续 6 d 青岛港每天滞留船只超过 200 艘，海事部门全面实施海上交通管制。

（8）雷暴

青岛市年平均雷暴日数为 21.1 d。其中，市区为 20.2 d，各区（市）在 18.2~23.4 d；最多年份，市区为 29 d，各区（市）为 27~33 d；最少年份，市区为 11 d，各区（市）为 10~15 d。雷暴主要出现在 6—8 月，占全年雷暴总日数的 67.9%。7 月雷暴出现日数最多，平均为 6.2 d，6 月、8 月分别为 3.3 d 和 4.9 d。雷暴初日，市区最早为 1 月 4 日，各区（市）为 1 月 15 日—2 月 10 日。雷暴终日，市区最迟为 11 月 24 日，各区（市）为 11 月 10 日—12 月 10 日。

雷暴天气产生的雷电灾害属于气象灾害。青岛市雷电灾害最早出现于 3 月，最晚出现于 10 月 26 日，主要发生在 8 月。

1989 年 8 月 12 日 09 时 55 分，中国石油天然气总公司管道局胜利油田黄岛油库老罐区 5 号油罐遭雷击爆炸起火，引发其他油罐相继爆炸。青岛市出动 2000 多名公安干警和消防官兵，消防车 159 辆、船只 19 艘、军用飞机 10 架次，投入灭火干粉、灭火剂 237.6 t。大火经 95 h 扑灭，有 14 名消防干警和 5 名油库职工牺牲，70 多名消防干警负伤，8 辆消防车和 3 辆指挥车毁坏，是青岛市影响最大的一次雷电灾害。

2001 年，青岛市发生雷击事故 531 起，直接经济损失 670 多万元。其中，8 月 17 日，即墨华山镇国际乡村俱乐部高尔夫球场遭雷击，4 人在球场被雷击中，2 人死亡，2 人受伤。

2011 年 7 月 2—3 日的强降水过程中，雷电频次达到了 2 万多次，其中 7 月 2 日 16 时左右青岛海军某厂发生雷灾事故，厂区院内有大火球，该厂3座楼内的部分设施遭到不同程度损坏，直接经济损失约10万元。17时左右香港东路附近也发生了雷击事故，遭受雷击的楼间处有大火球，2座楼有40～50户居民家用电器因雷击损坏，直接经济损失约50万元。在此次强降水过程中，还出现多处雷击灾害。

2011年7月25日，青岛市出现强对流天气，中午有飑线从胶南境内经过，阵风达到11级，最大风速29.7 m/s，如此大的风速在青岛是比较少见的。此次强对流天气，全市多处遭受雷击，其中平度法院办公楼遭雷击，致使楼内电脑、网络分路器等设备损坏，共造成损失约7万元。

（9）龙卷

青岛市龙卷灾害最早发生在6月21日，最晚在10月3日，主要发生于6—8月，其中以8月发生率最高。

1987年7月10日，平度蓼兰镇出现龙卷，刮坏房屋100间、葡萄园20亩，刮断电线杆17根。8月15日，龙卷袭击即墨太祉庄、段泊岚、刘家庄镇，倒塌房屋27间，倒墙2000多米，刮坏房顶1100多间；损毁树木4500余株；损毁高压线杆40根、低压线杆20多根、广播线杆20多根、草垛300多个；损毁玉米、高粱2600多亩，减产24万kg，直接经济损失35万元。

1994年10月3日12时30分，胶州市营海镇前海庄、小海庄和大后旺等地遭龙卷袭击，风力达12级以上，持续时间10 min。434户农民1640口人受灾，其中1人死亡、12人重伤。损坏房屋4792间，损失玉米15万kg、小麦5万kg、花生6万kg，刮断树木3000棵，高压线杆58根。12时50分，黄岛区隐珠镇郑家河岩村遭龙卷袭击，在十几秒钟内将该村东西大街以南110多户房子上的瓦片席卷一空，有两户村民的房屋倒塌，有一户村民放在院内囤子里的500 kg花生，连同囤子一起被卷飞。3人受重伤，十几人受轻伤。同日13时25分，龙卷伴冰雹袭击了黄岛区薛家岛镇瓦屋庄和西山子村，龙卷持续5 min，毁坏房屋244间。

（10）连阴雨

1980年6月，崂山县出现5次连阴雨，雨日16 d，降水量163.0 mm，日照时数少，小麦千粒重比1979年少0.2 g，平均每公顷少112.5 kg，造成小麦严重减产。

1990年6月13—15日、17—21日和24—26日，青岛市连续出现3次连阴雨天气，雨量小到中雨和中到大雨。全市小麦的收割、晾晒工作受到重大影响，仅即墨就有2.05万hm²8623万kg小麦发芽，其中有3028.7万kg小麦霉烂，造成严重损失。

2011年9月12—16日，青岛市出现大范围连阴雨天气，全市平均过程降水量59.2 mm，其中平度多达121.1 mm，14日莱西、平度出现暴雨。连阴雨天气造成平度14个镇（街道）不同程度受灾，农作物大面积被淹，受灾面积3260 hm²，成灾面积950 hm²，其中花生1760 hm²、葡萄700 hm²、其他作物800 hm²，损坏大棚36个，倒塌房屋12间，共计造成经济损失2860万元，其中农业经济损失2850万元。此次连阴雨期间正值花生收获期，对花生收成影响较大。

2016年10月21—28日，青岛市出现连阴雨天气过程，全市平均降水量29.7 mm，比常年同期偏多4.3倍。此时夏玉米已基本晾晒完成，对其影响不大。连阴雨过程改善了土壤墒情，对冬小麦播种后的苗期生长非常有利。

2017 年 9 月 26 日—10 月 11 日降水频繁，青岛市平均降水量 92.4 mm，比常年同期偏多 72.7 mm（偏多 369%）。其中 10 月 6—11 日出现连阴雨天气，6—8 日连续 3 d 出现降水天气，9 日短暂停歇后，10—11 日再次出现降水。对晾晒玉米等秋粮作物有一定影响，但使土壤墒情适宜，对小麦播种有利。

（11）雪灾

青岛的雪灾主要由积雪所造成。积雪最早出现时间为 11 月 9 日，积雪消融最晚时间为 4 月 20 日。全市平均积雪的初、终日期分别为 12 月 14 日和 2 月 19 日。积雪日数平均为 68 d。年平均积雪深度大于 1.0 cm 的日数为 6.1 d，最多年份为 16～31 d；大于 5.0 cm 的日数平均为 1.0 d，最多年份为 5～7 d；大于 10.0 cm 的日数平均为 0.1 天，最多年份为 1～4 d，一般每隔 3～5 a 出现一次，且多为局域性大雪；大于 20.0 cm 的积雪，全市仅在 1987 年 1 月 2 日出现过 1 d，市区积雪 20 cm、黄岛积雪 22 cm，是历年中最大积雪深度。

2001 年 1 月 6—7 日，莱西市大雪，积雪深度 13 cm，过程降水量 26.2 mm。雪灾导致 89 个蔬菜大棚被压塌，直接经济损失 322 万元。

2010 年 2 月 28 日，莱西市出现雨雪天气。09 时 23 分开始降雨，16 时 35 分转为雨夹雪，截至 28 日 20 时降水量为 11.7 mm，地面累计雪深 1 cm 左右。低温雨雪天气严重影响了道路交通，同时也给农村大棚种植造成不同程度的损害。马连庄、河头店、南墅、武备、孙受、日庄、开发区、院上、姜山等 12 个镇（街道）212 个村 1588 个大棚出现坍塌。其中葡萄大棚 89 个、甜瓜大棚 821 个、黄瓜棚 310 个、草莓大棚 297 个、小弓棚 71 个，共造成直接经济损失 3017 万元。

2015 年 11 月 23—27 日青岛市雨夹雪转雪，全市平均降水量 8.6 mm，其中 26 日平度、莱西出现暴雪，降雪量分别为 12.6 mm、10.3 mm，平度日降雪量创 1961 年以来最大。青岛降雪出现在 23—24 日、26 日，过程降水量为 5.8 mm。雨雪天气极大地改善了土壤墒情，相当于给小麦普浇了越冬水，对小麦安全越冬非常有利，但强冷空气降温过程造成青岛市冬小麦停止生长，提前进入越冬期。

2017 年 2 月 21—22 日青岛市雨夹雪转大雪，全市平均降水量 8.5 mm，其中市区 10.0 mm、崂山 7.3 mm、黄岛 11.9 mm、胶州 9.3 mm、即墨 7.9 mm、莱西 6.5 mm、平度 6.6 mm。这次出现在 2 月下旬的大雪过程在时间上突破历史最晚极值，此前大雪过程最晚出现日期为 2005 年 2 月 18 日（降雪量 5.8 mm）。

（12）低温冻害

每年的 3、4 月是青岛市农作物旺盛生长、果树开花结果以及春茶上市的阶段。受寒潮和冷空气的影响，农作物和果树、茶叶易遭受低温冻害。

2013 年 1—6 月，青岛气温持续偏低，特别是 3 月中旬至 4 月中旬，连续 4 旬气温比常年同期偏低 2℃以上，受其影响，城阳区农作物和果树遭受低温冷冻灾害，小麦和樱桃等受灾面积达 110 hm²，成灾面积 65 hm²，受灾人口约 1.6 万人，农业直接经济损失约 160 万元。

2018 年 4 月 4—9 日，青岛市出现一次弱倒春寒天气，由于发生在早春，对冬小麦影响不大，但对部分区（市）果树等造成一定程度的冻害。4 月 7—8 日夜间连续 4 h 最低气温在 0.5～1.4℃，未采取防霜冻措施的王哥庄街道仰口以北茶园出现冻害，大田茶园修剪较晚的区域，基本未受影响。4 月 17 日 03—06 时由于地面辐射降温，未采取防冻措施的王哥庄街道仰口以北茶园和部分晓望茶园遭受冻害，每亩损失 0.5 万～1.0 万元。

（13）高温

随着全球变暖，近年来，青岛市也不断出现高温天气。

2013 年 7—11 月青岛气温持续偏高，特别是 8 月上旬平均气温比常年同期偏高 3.1℃。8 月 5—13 日市区最高气温连续 9 d 维持在 30℃以上，创历史极值。8 月 6—11 日即墨最高气温连续 6 d 在 35℃以上，8 月 6—9 日黄岛最高气温连续 4 d 在 35℃以上，8 月 7 日黄岛出现 37.4℃的全市极端最高气温。

2014 年春季，青岛市平均气温 14.3℃，比常年同期偏高 2.3℃，为 1961 年以来历史同期最高值。3 月、4 月、3 月下旬、5 月下旬全市平均气温均创 1961 年以来历史同期最高值。在 5 月 26—31 日的高温过程中，27 日黄岛 37.5℃，30 日崂山 36.1℃、即墨 36.6℃、平度 38.0℃、莱西 37.6℃，各站均刷新了自建站以来 5 月极端最高气温纪录。

2017 年气温偏高明显，高温日数频现，市区≥30℃的高温日数 27 d，比常年同期偏多 14.0 d。7 月 18—26 日青岛市区连续 9 d 出现大于 30℃的高温天气，其中 7 月 24 日最高气温 36.9℃，同日黄岛出现了 37.6℃的高温。各区（市）≥35℃的高温日数平度最多为 12 d，即墨为 8 d，胶州、黄岛为 7 d，莱西 6 d，市区、崂山各 1 d，比常年同期偏多 0.4 d（崂山）~9.0 d（平度）。≥35℃的高温时段主要出现在 6 月 9 日、15—17 日、7 月 10—14 日、20—24 日和 8 月 6—7 日。

2019 年青岛市平均气温 13.9℃，比常年偏高 1.1℃，除 4 月之外各月气温均偏高，其中 3 月偏高 2.6℃，偏高幅度最大。青岛市区≥30℃的高温日数为 26 d，比常年偏多 13.0 d，7 月 30 日青岛市区出现 33.6℃最高气温。各区（市）≥35℃的高温日数莱西、平度最多，均为 6 d，即墨为 5 d，胶州为 4 d，黄岛为 1 d。全年极端最高气温为 39.0℃，5 月 23 日出现在胶州。5 月 23 日受大陆暖气团影响，最高气温除市区（28.1℃）和崂山（30.5℃）之外，其余区（市）均超过 35℃，胶州（39.0℃）、黄岛（37.8℃）创本站 1961 年以来 5 月最高气温历史极值，部分地区出现干热风。7 月 20—26 日，由于副高持续控制，青岛市区出现 6 d≥30℃的高温天气，即墨、平度、莱西各 4 d，胶州出现 2 d≥35℃的高温天气，且平均相对湿度在 71.5%（平度）~84.4%（青岛）之间，高温高湿，闷热难耐。

（14）雾凇与雨凇

青岛市雾凇出现于 11 月—次年 3 月。年平均 1~5 d，主要出现在 1 月，其次为 2 月和 12 月，最长连续时间为 10.7~34.1 h。

青岛市雨凇出现于 11 月—次年 3 月。年平均 0.1~0.7 d，主要出现在 1 月，其次为 2 月，最长连续时间为 6.5~135.3 h。

1989 年之后，由于暖冬影响，雾凇和雨凇明显减少，1994 年之后已经罕见。

第2章 影响青岛的主要天气系统

影响青岛的灾害性天气系统较为复杂，本章着重介绍一些经常对青岛造成影响的大尺度系统。

2.1 温带气旋

影响青岛地区的温带气旋为两大类：一类是发生在极锋锋区上的北方气旋；另一类是发生在副热带锋区上的南方气旋。其中，北方气旋包括蒙古气旋、东北气旋（多系蒙古气旋移到东北地区改称的）和黄河气旋。南方气旋包括江淮气旋、黄淮气旋和江南气旋。

2.1.1 南方气旋

南方气旋是指发生在副热带锋区上的锋面气旋，由南支锋区上低槽引起的锋面气旋，在地面天气图上至少有一条闭合等压线（2.5 hPa间隔），或风场上有明显的气旋式环流，且生命史不短于24 h。

影响青岛的南方气旋多发生在25°—35°N，125°E以西的我国的江淮流域和黄淮流域的广阔地区。南方气旋包含黄淮、江淮气旋及江南气旋，江淮气旋发生次数明显多于黄淮气旋，江南气旋相对较少。

南方气旋对青岛天气的影响主要是降水和大风。

（1）降水。南方气旋是青岛最主要的降水天气系统。其降水特点是次数多、强度大、范围广、历时长，有时连续发生，且在地区和时间上都比较集中。南方气旋暴雨主要是由江淮气旋和黄淮气旋造成，江南气旋一般不造成青岛暴雨。

（2）大风。南方气旋是产生大风的重要天气系统，它的发展是造成青岛风灾的主要原因之一。当黄淮气旋强烈发展时，青岛处于它的前部暖区中，常出现偏南大风，出现的概率以夏季最大、冬季最小。沿海区域出现概率大于内陆，又以南部沿海概率最大。南大风的风力，在南部沿海区域最大可达9级，内陆最大为7级。南方气旋影响青岛造成北大风的概率高于南大风，其中黄淮气旋概率最高，江淮气旋次之。黄淮气旋造成北大风的概率以春季最大，秋季次之，夏季最小；江淮气旋造成北大风的概率以冬季最大，春季次之，夏季最小。

2.1.2 北方气旋

北方气旋是指发生在极锋锋区上的锋面气旋，在地面天气图上至少有一条闭合等压线

（2.5 hPa 间隔），或风场上有明显的气旋式环流，且生命史不短于 24 h。北方气旋包括：蒙古气旋（多生成在蒙古中部、东部），东北气旋（多系蒙古气旋移到东北地区形成的），黄河气旋（多生成于河套、黄河下游及渤海）。

按气旋生成时的位置所在纬度和对青岛的影响将其分为两类：蒙古气旋和黄河气旋。

蒙古气旋一年四季均有出现，以春季最多、冬季最少。这是因为春季蒙古上空经常为极锋锋区控制，多槽脊活动，冷暖空气交绥频繁；而冬季常为冷高压控制。

黄河气旋的尺度比蒙古气旋要小，一年四季均可发生，以春季最多、冬季最少。

北方气旋对青岛天气的影响，主要是大风，其次是降水。

（1）南大风。当蒙古气旋强烈发展时，青岛处于它的南部暖区中，由于南（东）高北（西）低的气压场形势，常造成偏南大风。一年中南大风出现的概率以春季最大、秋季最小；沿海出现概率大于内陆。

（2）北大风。北方气旋总是伴有冷空气活动，所以当北方气旋的冷锋过境后，常出现偏北大风。蒙古气旋造成青岛大风的概率以冬季最大、夏季最小；沿海大于内陆。黄河气旋造成青岛偏北大风的概率以冬季和秋季较大、夏季较小。

（3）降水。若北方气旋的冷锋影响青岛，有时也带来降水天气，黄河气旋的降水概率远大于蒙古气旋。蒙古气旋的降水概率以秋季最大、冬季最小，冬、春两季由于气候干燥，不易产生降水；夏季虽然水汽条件好，但冷空气势力很弱，冷锋南下常锋消，故降水概率也很小。黄河气旋的的降水概率以秋季最大、冬季最小。当然，蒙古气旋影响青岛时，青岛降水概率也很大。

2.1.3　几类典型气旋

影响青岛的温带气旋主要有两大类，分别产生在南、北两支锋区上的两个不同地区，蒙古气旋可作为北方气旋的典型，江淮气旋可作为南方气旋的典型，而黄河气旋介于两者之间，故对三种气旋分别进行介绍。

2.1.3.1　江淮气旋

江淮气旋一年四季皆可形成，其形成后主要有两条移动路径：多数东移，少数向东北移动。东北移向的江淮气旋几乎都能造成青岛降水，而东移的江淮气旋大多不对青岛造成影响。

江淮气旋形成过程大致可分为两大类。

（1）波动类气旋。这类气旋是指西南涡沿江淮切变线东移过程中在地面静止锋上产生的气旋波，此类气旋的形成过程类似典型气旋的形成过程，当江淮流域有近似东西向的准静止锋存在时，其上空的对流层下部维持着一条东西向切变线，如其上空有短波槽从西部移来，在槽前下方由于正涡度平流的减压作用而形成气旋性环流，偏南气流使锋面向北移动，偏北气流使锋面向南移动，于是静止锋变成冷暖锋。若波动中心继续降压，则形成气旋。

（2）焊接类（倒槽锋生）气旋。这类气旋是指北支槽与西南涡（或南支槽）结合，河西冷锋进入地面倒槽与暖锋相接产生的气旋。

2.1.3.2　蒙古气旋

蒙古气旋一年四季均有出现，蒙古气旋除少数是从50°N以北移入以外，绝大多数是在蒙古地区生成的，形成过程分为三类：暖区新生、冷锋进入倒槽、蒙古副气旋，以暖区新生类出现次数最多。三种生成方式有着共同的温压场特征：当高空槽接近蒙古西部山区时，在迎风坡减弱，在背风坡加强，等高线呈疏散形势。由于山脉阻挡，冷空气在迎风坡堆积，因而在温度场上表现为明显的温度槽和温度脊，春季新疆、蒙古地区下垫面的非绝热加热作用使温度脊更加明显。在蒙古中部地面上出现热低压或倒槽，当高空疏散槽前的正涡度平流叠加在其上时，热低压获得动力性发展；由于低压前后高空暖、冷平流都很强，一方面促使暖锋锋生，一方面推动山地西部的冷锋越过山地进入蒙古中部，形成蒙古气旋。

2.1.3.3　黄河气旋

黄河气旋介于蒙古气旋和江淮气旋之间，形成于河套及黄河下游地区。其生成的形势与江淮气旋类似，大致可分为两种类型。一类是在41°—45°N高空有一东西向的锋区，在锋区上有小槽自新疆移到河套北部地区，导致准静止锋上产生小的黄河气旋，这类气旋一般发展不大。另一类是在地面上西南地区有一倒槽伸向河套、华北地区，此时若有较强冷锋东移，且高空有较强的低槽（或低涡）配合，当冷锋进入倒槽后，一般可产生黄河气旋。若我国东部及海上为副热带高压控制，则气旋更易生成。

2.2　冷锋

2.2.1　冷锋的概况

冷锋是一年四季都影响青岛地区的重要天气系统之一。冬半年冷锋过境时会造成降温和北大风，并常伴有雨、雪、低温等天气；夏半年冷锋影响时多出现雷暴、冰雹等强对流天气，也可造成大范围降水，甚至出现暴雨。

2.2.2　冷锋分类及其天气

根据冷锋移动的路径，一般把影响青岛的冷锋分为三类：西路冷锋、西北路冷锋和北路冷锋。影响青岛地区的冷锋，以西北路冷锋次数最多，北路冷锋次之，西路冷锋最少。其中西北路冷锋和北路冷锋影响次数以冬季最多，春、秋季次之，夏季最少；而西路冷锋则秋冬季较多，春夏季最少。冷空气路径不同，冷锋天气也各有差异。冷锋是造成青岛偏北大风的重要天气系统。西北路冷锋影响青岛时多出现北大风，北路冷锋则多出现东北大风，而西路冷锋多出现西北大风。

冷锋影响青岛时降水概率有明显的季节差异，夏季南支天气系统活跃，水汽充沛，降水概率大，几乎每次冷锋过境都能造成不同程度的降水；而冬季西北路冷锋过境时，降水概率较小，常常带来大风和降温。西路冷锋多产生稳定性降水；而北路冷锋在夏半年多产生雷阵雨、冰雹、飑线等强对流天气，在冬半年产生阵雨（雪）。

2.2.2.1　西北路冷锋

西北路冷锋影响青岛时，冷空气自新地岛以东（或者是新地岛附近）东南移动，经西西伯利亚、华北影响青岛。如图2.1所示，东亚上空呈现明显的经向环流，锋区位于45°N以北。上游有低槽东移加深时，携带冷空气自西伯利亚经蒙古中部和华北南下，低槽在我国东部发展较深，槽后冷空气一般较强，锋区明显。冷锋呈东北—西南走向，地面冷高压强大，其前部常有蒙古气旋发展，冷空气从低压后部南下，经华北影响青岛，冬半年常引起大风、沙暴和降温，或伴有小雨（雪）；夏季可产生雷阵雨，若锋前有较强的暖湿气流，也可产生大范围暴雨。

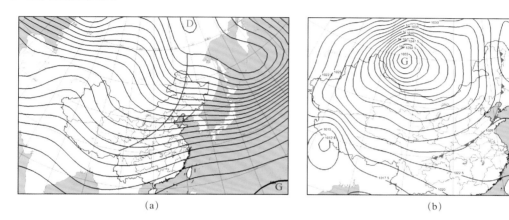

(a)　　　　　　　　　　　　　　　(b)

图 2.1　2010 年 9 月 21 日 08 时 500 hPa 形势场（a）和海平面气压场（b）

2.2.2.2　北路冷锋

北路冷锋影响青岛时，冷空气自泰梅尔半岛向东南移动，经中西伯利亚、华北影响青岛。北路冷锋的环流形势有两种。一种是，亚洲上空西风带呈一脊一槽型，长波脊在贝加尔湖以东南下，经蒙古东部和我国东北平原侵入华北和黄海、渤海；有时在东亚大槽后部出现横槽或冷涡，其前部有明显的暖平流，地面上华北平原出现暖性低压，北路冷锋进入低压后往往发展成黄河气旋。另一种是，如图2.2所示，45°N附近冷空气从蒙古东部进入我国东北，然后经渤海南下影响华北。由于此类冷空气偏北、偏东，冷锋南下对青岛地区影响较大，东西走向的地面冷锋过境后，常产生低云、降水和东北大风。在前一种形势下，当东北低涡稳定时，低涡后部不断有冷空气南下，常有副冷锋生成影响青岛，在夏半年可连续几天造成雷阵雨，在冬半年则造成海上大风。

2.2.2.3　西路冷锋

西路冷锋的冷空气从欧洲南部东移或经里海、黑海进入我国新疆北部，经河套地区影响青岛。如图2.3所示，东亚地区 500 hPa 高空低槽沿锋区东移，引导冷空气经巴尔喀什湖、新疆、河西走廊、河套南下。地面冷锋多为南北走向，锋后有冷高压相随。当冷锋到达河套时，常有雨区发展并随冷锋东移影响青岛。低槽在河西及河套地区有明显的发展，常与西北

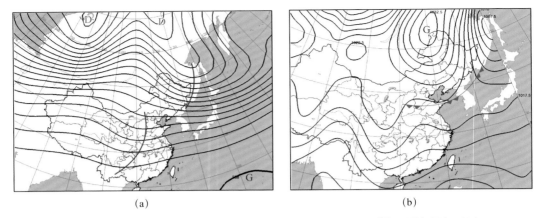

(a)　　　　　　　　　　　　　(b)

图 2.2　2011 年 4 月 1 日 08 时 500 hPa 形势场（a）和 02 时海平面气压场（b）

涡和西南涡结合，有时产生南方气旋。秋冬季节西路冷锋影响青岛次数较多，出现大风的概率较小，但降水概率大。如有冷涡与西路冷锋相伴东移，冬季可造成大雪，夏季可产生暴雨。

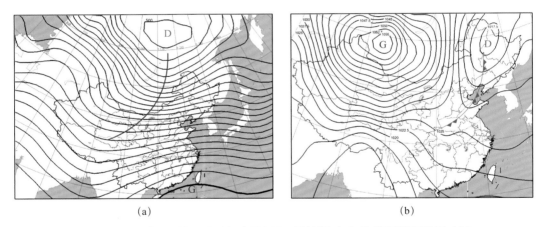

(a)　　　　　　　　　　　　　(b)

图 2.3　2010 年 11 月 21 日 08 时 500 hPa 形势场（a）和海平面气压场（b）

2.3　冷涡

2.3.1　冷涡的概况

冷涡属于经向环流形势下的天气系统，多出现于经向环流维持或纬向环流向经向环流转换的时期。高空冷涡是天气尺度环流系统，从低空到高空都有表现，是比较深厚的系统，如东北冷涡、华北冷涡等，它们对北方天气影响较大。东北冷涡本身对青岛影响不大，主要是其后部的横槽影响青岛；而华北冷涡常常给青岛带来冰雹、大风等强对流天气以及降水天气。影响青岛的冷涡是指进入 35°—50°N、110°—125°E 范围，至少有一条闭合等高线的 500 hPa 冷性低压，大体可分为移入型冷涡和切断型冷涡。

2.3.2　冷涡的形成

（1）移入型

移入型冷涡生成的 500 hPa 环流形势是，在乌拉尔山和西伯利亚东部为阻高，其间为宽广的低槽区，当乌拉尔山高压前有较强冷空气侵入槽区时，因低槽北段东移中受西伯利亚高压东部阻高阻挡停滞，冷空气逐渐向南侵袭贝加尔湖及蒙古上空，逐渐发展为冷性低涡。当冷涡后部无明显高压脊发展时，冷空气沿偏东路径入侵我国东北地区上空，这就是常见的北路冷涡。冷涡后部若有高压脊强烈发展，并与西伯利亚阻高相连时，由于冷涡后部东北气流明显加强，有新的冷空气从北方南下，这时冷涡就可能折向东南方向移动，成为对青岛影响最大的中路冷涡，此种冷涡多见于 5、6 月。

（2）切断型

切断型有两种情况，一种是蒙古横槽切断出来的冷涡。当中西伯利亚有阻高存在时，在蒙古往往形成比较稳定的横槽；在横槽南摆转竖过程中，横槽西端便被切断而成为孤立的冷涡。另一种是移动性低槽中切断出来的冷涡。移动性高空低槽在东移过程中，振幅不断加大时，其南端逐渐变窄，横槽南端的温度槽很快赶上气压槽，二者近于重合，若此时槽后高压脊也增强并向东北发展，其暖平流将槽内冷空气与北方冷空气分开，低槽南部便被切断出一个冷涡来。冷涡在形成前，一般都先有闭合的冷中心出现。

2.4　西北太平洋副热带高压

在南北半球的副热带地区，经常维持着一个高压带，由于海陆影响，常断裂成若干个高压单体，这些单体统称为副热带高压（简称副高，下同）。副高是制约大气环流变化的重要因素之一，夏半年其西部的脊可深入我国大陆，对青岛乃至全国的天气有决定性作用，与雨季、旱涝、暴雨和台风活动有密切关系。

2.4.1　对青岛夏季旱涝的影响

青岛夏季降水量多少与副高有密切关系。青岛夏季降水量与副高脊线及西脊点有较好的对应关系，夏季西北太平洋副高平均脊线位于 25.3°N 附近时，青岛易出现夏涝；夏季西北太平洋副高平均脊线位于 22.7°N 附近，青岛易出现夏旱。

夏涝年份合成的副高脊线位置较夏旱年份明显偏北；且青岛旱年合成的副高脊线位于 25°N 以南，而涝年合成的副高脊线明显位于 25°N 以北。另外，副高强度和副高西伸脊点位置同青岛夏季降水也有较好关系。夏季旱年的副高明显强于涝年的副高，西伸脊点也存在较大差异，副高偏强偏大或西伸脊点过于偏西均不利于西南暖湿气流输送到青岛。

2.4.2 对青岛雨季的影响

雨季即为夏季多雨期。每年的6月底或7月初到8月底或9月初，是青岛一年降水最集中的季节，称之为青岛的雨季。我国东部地区各地的雨季是由大范围雨带南北位移造成的，而雨带的位移又与东亚环流季节变化关系密切，一般雨带位于500 hPa副热带高压脊线北侧8～10个纬度。

在副高脊线附近为下沉气流，多晴朗少云炎热天气；在脊线北侧，由于与西风带副热带锋区相邻，多锋面和气旋活动，上升运动强，多阴雨天气；脊线南侧为东风气流，当其中无气旋性环流时，一般天气晴好，但当有东风波、热带气旋等热带天气系统活动时，则常出现云、雨、雷暴，有时有大风、暴雨等恶劣天气。因此西太平洋副高的季节变化与青岛雨季有着密切关系。

当副高完成了第二次北跳，与120°E脊线交点位置在23°N以北，西伸点在110°—130°E时，90°E附近的西风带高压脊为低槽所替代，是青岛雨季开始的重要标志。由于历年副高的进退早晚和强弱不同，雨季到来的早晚和持续时间也不同。在标志雨季结束的降水过程出现前，副高脊线位置在24°N以北，西伸点在130°E以西，青岛受大陆热低压或副热带高压的影响，降水过程结束后，副高脊线南落到24°N以南，青岛逐渐转受极地大陆气团控制，空气相对较干燥，雨季结束。

2.4.3 与青岛暴雨的关系

造成青岛暴雨的四种主要天气系统，它们都与副高有密切关系。

（1）气旋暴雨与副高的关系。江淮气旋和黄淮气旋是造成青岛夏季暴雨的主要天气系统。副热带高压脊线在25°—27°N时，副高西侧北上的暖湿气流与南下的冷空气交绥于黄淮地区，青岛发生气旋暴雨的概率最大。

（2）切变线暴雨与副高的关系。切变线暴雨主要出现在6—9月（主要指冷式切变），这期间副高最强、位置最偏北，高空西风槽东移过程中，受副热带高压阻挡造成北快南慢，低槽逐渐顺转，且在低槽后部的河西走廊有闭合小高压随低槽东移，在对流层底层低槽到达华北南部转变成纬向切变线。

（3）低槽冷锋暴雨与副高的关系。低槽冷锋影响青岛时，若副高配置适当，可产生区域性大暴雨。在西北路冷锋影响前24 h，若副高脊线在29°N以北，其外围588 dagpm线西伸不超过120°E；或者副高脊线在29°N以南，则冷锋降水为全区性的。

（4）热带气旋暴雨与副高的关系。只有在副高位置偏北时，热带气旋等低纬度环流系统才能影响青岛，并与西风带系统相互作用产生暴雨。当西风槽与热带气旋结合出现暴雨时，副高是西伸北上的，中心多在35°N附近；高空西风槽与低空东风扰动叠加产生暴雨时，副高脊线多在30°N附近。当热带气旋倒槽影响时，对流层底层以下区域的热带气旋倒槽北伸到山东中南部地区，青岛处于副高北部边缘的西南气流辐合上升气流中，有利于暴雨的产生；而青岛处于副高中心偏南的区域，则不利于暴雨产生。

2.5　切变线

一般把出现在低空（700 hPa 和 850 hPa 等压面上）风场上具有气旋式切变的不连续线称为切变线。切变线附近高度场较弱，有时分析不出等高线来，但风场的表现却很明显。

影响青岛的切变线，一般是指出现在 30°—40°N，110°—125°E 范围内，700 hPa 或 850 hPa 等压面上的切变线。影响青岛的主要有冷式切变线和暖式切变线，其中，根据冷式切变线影响青岛时环流特征及降水分布特征，又将其分为经向切变线和纬向切变线。暖切变专指在对流层下部出现的偏东风（多为东南风）与偏南风（多为西南风）之间的风向不连续线，即一般是指在 32°—40°N，110°—125°E 范围内，700 hPa 或 850 hPa 等压面上的切变线。

2.5.1　经向切变线

（1）概况

切变线与经线的夹角小于 45°为经向切变线，经向切变线多出现于河套以东，北京—菏泽—宜昌一线以西地区（或 120°E 以西区域），经向切变线维持时间一般在 2～4 d，影响山东时均能产生降水。

（2）经向切变线的形成

影响青岛的切变线主要出现在夏季副高位置稳定的环流形势下。如图 2.4 所示，当副高强大、稳定、位置偏北且呈块状时，易形成经向切变线。它产生的环流背景是：副高强大而稳定，分东、西两环，东环中心位于日本海附近，其高压脊西伸控制山东半岛和辽东半岛，脊线在 35°N 附近；西环位于青藏高原；西风带在贝加尔湖以北还有一个阻高。上述高压构成三足鼎立的稳定形势。当西伯利亚低槽内有小槽分裂东移时，由于受稳定的日本海副高阻挡，使低槽在 110°—115°E 附近停滞加深，便逐渐形成为稳定的经向切变线。其形成过程是，西风带高压东移与海上副高合并并加强，在日本海形成稳定强大的暖性高压，且在日本以东有高空槽发展加深，使上游西风槽东移时受阻逐渐停滞于华北，蜕变成经向切变线。

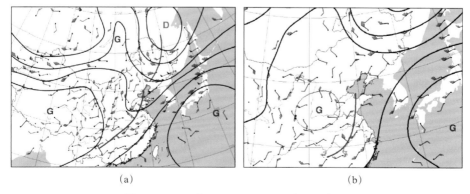

(a)　　　　　　　　　　　　　　(b)

图 2.4　2001 年 7 月 14 日 08 时高空形势场

（a）500 hPa；（b）700 hPa

（3）经向切变线降水

经向切变线的雨带呈南北走向分布，大致位于低层切变线与低空西南急流之间。经向切变线停滞在太行山东侧时，一般鲁西地区有大雨、局部暴雨或大暴雨，鲁中有小雨或中雨，山东半岛无雨。经向切变线位于山东西部时，大到暴雨主要出现在山东中部地区。切变线两侧的气流辐合上升形成的降水强度不大，一般只有小到中雨，当切变线上有低涡移入或生成时，切变线上的辐合上升运动加强，可产生暴雨。因此切变线暴雨经常是和低涡相联系的。

切变线上的低涡在向北移动过程中，暴雨区多出现在低涡中心附近和低涡的东北象限。

2.5.2 纬向切变线

（1）概况

切变线与经线的夹角大于45°为纬向切变线。纬向切变线的位置随季节有较明显的变化。6、9月集中出现在江淮流域，7—8月主要出现在黄河中下游。纬向切变线维持时间一般在 2~3 d。

（2）纬向切变线的形成

纬向切变线主要出现在夏半年，其产生的 500 hPa 环流背景如图 2.5a 所示，副高稳定呈带状分布，西风带在乌拉尔山地区为稳定的阻高或长波脊，其下游为宽槽区，处于槽底的东亚中纬度地区为平直的西风环流，黄淮地区受副高北侧的偏西气流控制。当巴尔喀什湖附近有小槽携带小股冷空气东移时，因受副高阻挡造成北快南慢，低槽逐渐顺转，且在低槽后部的河西走廊有闭合小高压随低槽东移，对流层低层低槽在黄河下游或黄淮之间逐渐顺转为纬向切变线；地面则有河西冷锋东移到黄淮地区并逐渐转为东西向静止锋。降水就产生在地面静止锋和 700 hPa 切变线之间，雨区呈东西带状分布。当 700 hPa 有西南涡东移时，雨势增大，在低涡东部往往产生暴雨。当 700 hPa 或 850 hPa 华北小高压东移缓慢或稳定少动，则纬向切变线维持少动；若有 700 hPa 或 850 hPa 华北小高压东移并入副高后，又有小槽和小高压东移，则纬向切变线将有个重建过程并继续维持。

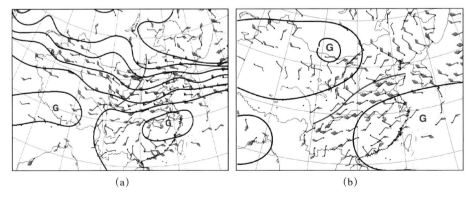

（a）　　　　　　　　　　　　　（b）

图 2.5　2005 年 9 月 20 日 20 时高空形势场

（a）500 hPa；（b）700 hPa

（3）纬向切变线降水

纬向切变线的雨带呈东西向分布，一般位于 700 hPa 切变线与地面静止锋之间。纬向切变线对青岛降水影响较大，常有大到暴雨出现，甚至有暴雨或大暴雨出现。纬向切变线上的低涡东移时，其暴雨区多出现在 700 hPa 低涡的东南象限。

2.5.3　暖切变线

（1）概况

暖切变线是指在对流层下部出现的西南风与东南风之间的风向不连续线，但不包括西南涡或南方气旋前部的暖切变。影响青岛的暖切变线是指在 32°—40°N，110°—250°E 范围内，出现在 700 hPa 和 850 hPa 等压面上的暖切变线。

（2）暖切变线的形成

暖切变线出现在副高较强盛的形势下，500 hPa 副高外围 588 dagpm 线控制华东沿海，西南气流可北上到达淮河以北地区，西风带主要在 50°N 以北，东欧和鄂霍次克海分别为阻高控制，华北有西风带小高压东移。当小高压并入副高，便在小高压后部东南风与副高西侧西南风之间形成暖切变。影响青岛的暖切变线主要有两种形式：①当小高压将入海与副高合并时，其西南侧的东南风与副高西北侧的西南风形成暖式切变，并随着海上副高增强，切变线北抬影响青岛，这种过程在 700 hPa 上表现得最明显；②700 hPa 或 850 hPa 上在长江中下游有切变线存在，当海上副高加强北上，受副高和西风槽之间的偏南气流引导，切变线北抬影响青岛，如图 2.6 所示。

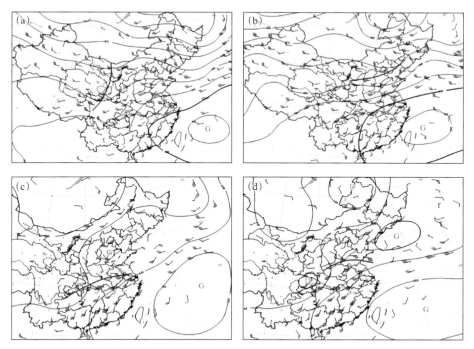

图 2.6　2003 年 7 月 11 日 08 时 500 hPa（a）、700 hPa（c），12 日 08 时 500 hPa（b）、700 hPa（d）形势场

（3）暖切变线降水

暖切变线也是夏季影响青岛的降水系统，其降水具有历时短（6～12 h）、范围小、强

度一般较弱的特点，但有时也能造成暴雨。暖切变线暴雨出现于6月中旬至8月下旬，暴雨区主要分布在鲁南、鲁中山区及山东半岛地区。当暖切变线走向与山脊走向一致时，迎风坡地形对降水有明显的增幅作用，如大泽山南坡的平度等地都是暖切变线暴雨最易出现的地方。

2.6　急流

急流是指风速30 m/s以上的狭窄强风带，是大气环流中的一个重要特征。根据急流的形成区域和结构不同可分为极锋急流、副热带急流、热带东风急流和极夜急流。按急流出现的高度不同，一般可分为高空急流和低空急流。

低空急流通常是指位于对流层下部的一支窄而强的风速带，中心风速大于或等于12 m/s。对青岛而言，700 hPa或850 hPa图上在40°N以南、105°—130°E范围内出现偏南风，风速大于12 m/s的等风速轴而且长度大于500 km，定为低空急流。

影响青岛的低空急流，从风向上看，主要有西南急流和东南急流两种。而低空急流的出现往往与一定的环流形势及天气系统相联系，一般可归纳为两大类：一类与西北太平洋副高活动相联系，位于副高西侧，伴随着副高进退而移动，同时又与西侧的西南涡、低槽等活动和发展有关，这些低值系统的生成、移动和发展与低空急流的强弱有着密切关系，在此种形势下，西南急流或偏南急流和东南急流均可出现。另一类低空急流主要与西风带系统相伴随，位于西风带影响系统的东南侧，并随影响系统一起移动，多为西南急流或偏南急流。低空急流作为大气低层的水汽和不稳定能量的输送带，为暴雨区提供了充分的水汽和热量条件，是暴雨区低空对流不稳定层结的建立者和维持者，是暴雨区低空天气尺度上升气流的建立者和对流不稳定能量释放的触发者。

2.7　其他

2.7.1　回流降水

回流降水是指从东北平原南下的冷锋过境转东—东北风后产生的降水，是青岛地区冬半年主要的降水形势。如图2.7所示，回流降水的环流特征是，乌拉尔山地区为长波脊，其东侧为宽广的低压带或横槽，中纬度环流平直，锋区分两支：北支在40°—50°N之间，南支在30°N附近；两支锋区上都有低槽，但北支槽振幅小而平浅，南支槽振幅大而深厚。表现在地面上，一种是地面高压从贝加尔湖以东南下，经东北平原向西南伸向青岛地区，青岛地区多为东北风；另一种是地面高压在华北以北地区呈准东西向分布，向偏东方向移动，到达东北地区后缓慢南压，青岛位于高压南部转为东—东北风。

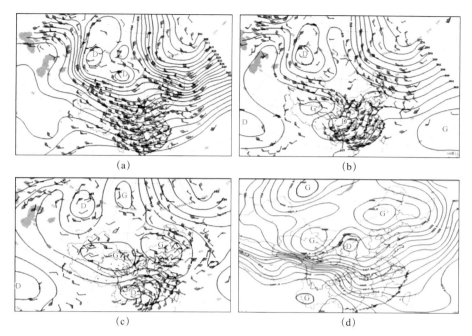

图 2.7　2009 年 11 月 11 日 20 时 500 hPa（a）、700 hPa（b）、850 hPa（c）高空形势场及海平面气压场（d）

2.7.2　东风波

东风波指的是热带地区低空信风和高空东风气流中由东向西移动的一种波状扰动，属热带天气系统，其具体表现为副热带高压偏向低纬一侧的东风气流在自东向西运动时，常存在的一个槽或气旋性曲率最大区，因其呈波状形式自东向西移动并活动在东风气流中，故泛称为东风波。

热带东风波难以影响青岛地区。盛夏副高偏北时，会出现在温带地区的浅薄东风层里的，一般在 2000 m 高度以下，而在 3000 m 高度以上则是偏西风，这个东风波与热带的东风波有着明显的差别。但当高空西风槽与低空东风扰动相遇时，则青岛地区容易产生暴雨。

东风扰动暴雨产生的物理机制是，低空急流向东风扰动内大量地输送热带暖湿空气，西风槽带来的干冷空气则从高空侵入，形成位势不稳定层结；同时，高空槽前辐散区与东风扰动重叠，触发了不稳定能量的释放，因而造成暴雨。

2.7.3　低涡

低涡有别于冷涡，它生成于低空，是影响我国降水尤其是暴雨的重要天气系统，多存在于离地面 2～3 km 的低空（700 hPa 或 850 hPa），如生成于四川的西南涡、生成于河西走廊地区附近的西北涡等，它们东北移或东移后，对青岛地区的降水均有影响。

低涡包括西南涡和西北涡。西南涡是在青藏高原特殊地形影响下，产生于我国西南地区的一种中尺度的低压系统。与发生在我国其他区域的低涡相比，西南涡具有两个突出的特点：一是全年各月均有发生，而且次数较多；二是产生在某一特定范围内，即位于青藏高原东南侧，如图2.8所示。

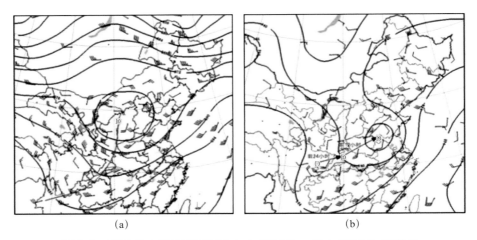

图 2.8　2005 年 6 月 25 日 08 时（a）500 hPa、（b）850 hPa 形势场

和西南涡一样，西北涡也是影响青岛的一种中尺度天气系统，是在 700 hPa 等压面上产生于青藏高原东北或北部的低压系统，它是在高原下垫面加热和西风带低槽的共同作用下产生的。当其影响青岛时，也会产生较大的降水，但影响次数要明显偏少于西南涡，如图 2.9 所示。

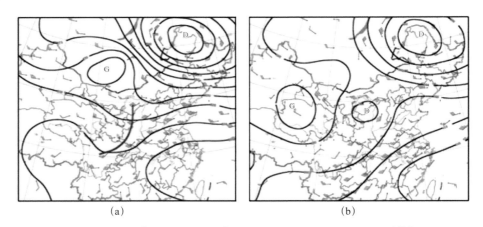

图 2.9　2009 年 7 月 8 日 08 时（a）500 hPa、（b）700 hPa 形势场

第3章 强对流天气系统与特征

强对流天气是指大气对流活动旺盛、强烈发展的对流性天气，具有时间尺度和空间尺度相对较小，局地性、突发性强，致灾严重的特点。强对流天气主要是由中小尺度天气系统引起的，水平范围十几至二三百千米，气象要素场上常出现风切变、气压涌升、气象要素不连续等特征。

强对流天气主要包括短时强降水、冰雹、雷暴大风、龙卷四类。

（1）短时强降水：1 h 降水量大于或等于 20 mm 的降水。

（2）冰雹：降落于地面的直径大于或等于 5 mm 的固体降水过程。

（3）雷暴大风：是指由大气对流活动所导致的地面及近地面的强阵风事件，阵风风速超过 17.2 m/s（或者 8 级），且同时出现雷电的一种强对流天气。

（4）龙卷：强对流积雨云中伸向地面的小范围快速旋转的漏斗状云柱。

3.1 强对流天气的特征

基于地面大监站和区域站实况大风和降水资料，通过雷达回波和径向速度以及特殊天气记录等多种途径进行筛选，剔除由台风、气旋等其他天气系统引起的非对流性雷暴大风和短时强降水天气。对青岛地区 2012—2022 年由对流天气引起的极大风风速 ≥17.2 m/s 的雷暴大风和 1 h 降水量超过 20 mm 的短时强降水天气过程进行总结分析。

3.1.1 雷暴大风

图 3.1 是青岛地区雷暴大风年变化、月变化和日变化特征图。

2012—2022 年青岛地区共发生 79 次，其中 2019、2021 和 2022 年发生次数超过 10 次，分别为 13、14 和 11 次，整体来看，近几年雷暴大风天气呈现显著增长趋势（图 3.3a）。青岛地区雷暴大风主要发生在春末和夏季（图 3.3b），7 月发生次数最多为 25 次（11 a），8 月次多为 21 次。最早发生在 4 月，但近 11 a 仅发生 1 次（2021 年 4 月 29 日），最晚发生在 9 月。春末夏初的高雷暴大风日应和高空冷涡有重要的关系。由于包含冷涡系统的大气环流冷热对比强、不稳定状态以及触发条件分布的不均匀性，在冷涡系统形成、发展、消亡期均可发生局地性强、致灾性强的短时强降水、大风、冰雹等天气。

青岛地区雷暴大风天气具有明显的日变化特征（图 3.3c），尤其是午后的 13—16 时，约占全天的 33.2%，15 时发生次数最多共 20 次，约占全天的 10%。后半夜到上午是雷暴大风发生相对较少的时段。

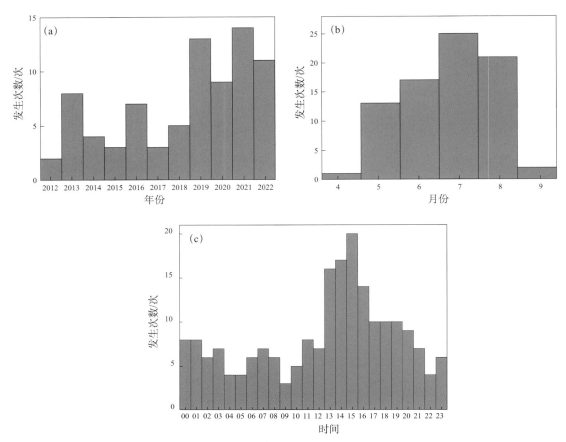

图 3.1　青岛市雷暴大风发生次数年（a）、月（b）和日（c）变化特征

根据近 11 a 青岛地区雷暴大风统计分析，青岛地区雷暴大风发生频次具有地域差异（图 3.2）。一般来说，青岛的偏东和偏北部地区（尤其是莱西北部）发生 8 级以上雷暴

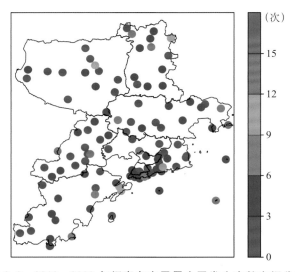

图 3.2　2012—2022 年间青岛市雷暴大风发生次数空间分布

大风频次高于沿海地区，尤其是局地性的雷暴大风，这可能与偏西偏北部地区白天气温较沿海地区明显偏高有很大的关系。西海岸新区东南部地区、市区西南部发生雷暴大风概率也较大。

3.1.2　短时强降水

图 3.3 是青岛地区不同强度短时强降水的年变化、月变化和日变化特征。

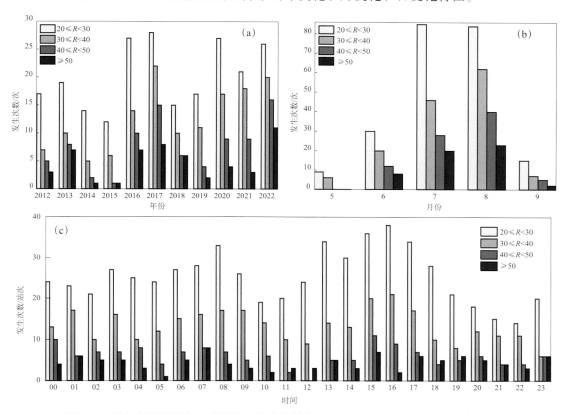

图 3.3　青岛市不同强度短时强降水发生次数年（a）、月（b）和日（c）变化特征

2012—2022 年青岛地区共发生 223 次短时强降水，2017 年最多为 28 次，其次是 2016 年和 2020 年为 26 次，2014 年最少仅 13 次。近 3 年短时强降水发生次数逐渐增加，每年均超过 20 次。从不同强度短时强降水发生次数分析来看，20～30 mm 的短时强降水发生次数最多，随着强度增强发生次数逐渐减少。2022 年不同强度短时强降水发生次数均较多，尤其是 50 mm 以上短时强降水更是发生 11 次，为近 11 a 来最多，强度最强。

青岛地区不同强度短时强降水均主要发生在夏季，尤其以 8 月最多（217 次），7 月次之（186 次）。8 月 40～50 mm 短时强降水发生次数（40 次）比 6 月 20～30 mm 短时强降水次数（23 次）都多，8 月 50 mm 以上短时强降水发生 23 次之多，平均每年 2 次以上。7、8 月是防范短时强降水的关键时期，9 月虽然已经过了主汛期，但仍是短时强降水多发的月份。2012 年 9 月 21 日，黄岛出现特大暴雨，日降雨量 393.7 mm，12—13 时的 1 h 降水量达 93.1 mm，雨量之大、强度之大，实属罕见。黄岛当日还出现了狂风、冰雹等灾害天气，共造成经济损失1.10多亿元，其中农业直接经济损失约2810万元。此外，青岛市降水量7、8月最多，占全年降水量的49.6%，暴雨日数7、8月最多，占全年暴雨日数的68.5%。

青岛地区不同强度的短时强降水均存在明显的日变化特征，且有两个峰值时段，主峰值为下午16时前后最为明显，次峰值为早晨08时前后最为明显。50 mm以上短时强降水发生最多时次为07时，其次为15时。而上午和前半夜则是短时强降水的低发时间段。下午到傍晚短时强降水出现峰值可能与太阳辐射加入的热力驱动有关。地表加热以及局地循环使得大气的稳定性减弱，激发局地对流活动，有利于短时强降水的形成。值得注意的是，07—09时和16—18时是4个级别短时强降水均多发的时段，这时段正值上下班高峰期，突如其来的短时强降水会对人们的出行和交通安全造成重要影响，因此该时段的天气情况应给予重点关注，做到早预报、早预防。

图3.4是基于青岛市所有国家大监站和区域自动站统计的2012—2022年间青岛市各区域短时强降水发生次数空间分布图。

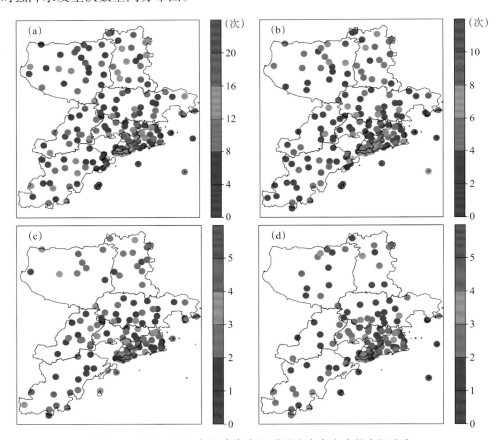

图3.4 2012—2022年间青岛市短时强降水发生次数空间分布
(a) $20 \leqslant R < 30$ mm/h；(b) $30 \leqslant R < 40$ mm/h；(c) $40 \leqslant R < 50$ mm/h；(b) $R \geqslant 50$ mm/h

$20 \leqslant R < 30$ mm/h短时强降水，东南部沿海地区（包括市区、李沧和崂山区）和北部的平度、莱西发生次数较多，青岛中部和西南部发生次数相对较少。整体来说，莱西全区$20 \leqslant R < 30$ mm/h发生次数较多，绝大多数地区都发生12次以上。平度地区发生次数也相对

较多，但略逊于莱西，平度的大泽山站 11 a 内共发生 24 次 20≤R<30 mm/h 的短时强降水，是全青岛市发生次数最多的站。内陆地区夏季温度高，午后因热对流会引起局地的短时强降水，这是平度和莱西 20≤R<30 mm/h 短时强降水较多的很重要的原因之一。市区的南部沿海地区、李沧区西部地区、崂山南部沿海地区以及崂山山区 20≤R<30 mm/h 发生次数也较多，但主要在 12～16 次范围之内。对于沿海地区来说，沿海西南地区（西海岸新区辖区）较东南地区发生次数明显偏少，不过金沙滩 2012—2022 年 20≤R<30 mm/h 发生次数高达 21 次。

30≤R<40 mm/h 短时强降水发生次数空间分布与 20≤R<30 mm/h 空间分布非常相似，以莱西及平度的北部地区最多，东南部沿海地区次多，中部地区发生次数明显偏少。平度旧店镇和莱西站分别发生 16 次和 12 次之多。

当短时强降水强度超过 40 mm/h 以上时（图 3.4c 和 3.4d），其发生次数的空间分布与小于 40 mm/h 的空间分布出现明显变化。北部的平度、莱西发生地区范围明显减小，南部沿海地区发生次数相对增加尤其是东南部地区，这可能是由于雨强的增大所需的水汽也明显增多，内陆地区相对南部沿海地区来说水汽较差一些，因此发生次数相对减少。李沧区西部地区发生高强度的短时强降水次数明显偏多，其次是崂山区西部、崂山山区、平度北部地区以及城阳地区，胶州和即墨地区相对较少。

3.2　强对流天气的形成机制

强对流天气的发生需要大气不稳定、水汽和抬升触发三个基本条件，同时大气中风向、风速随高度的变化（垂直风切变）对强对流过程的形成、结构演变、强度变化和传播过程都有重要影响。

大气层结稳定性一般有三种类型：①绝对不稳定；②条件不稳定；③绝对稳定。如果环境大气温度递减率大于干绝热递减率（9.8 ℃/km），则大气层结处于绝对不稳定状态；如果环境大气温度递减率大于湿绝热递减率，则大气层结处于绝对稳定状态；如果环境大气温度递减率介于干绝热和湿绝热递减率之间，则大气层结处于条件不稳定。强对流发生的层结通常要求大气对流层的一部分处于条件不稳定状态。

水汽是强对流雷暴云的燃料，当水汽随上升气流进入对流雷暴云中，凝结成云滴或冰晶时，潜热释放出来，驱动了对流雷暴云中的上升气流。水汽大多数情况来源于大气低层。

在水汽和稳定度条件满足的情况下，需要一定的抬升条件对流才能发生。大尺度系统如锋面、槽线、低涡、切变线等引起的垂直速度太小，不足以在合理的时间内将具备潜在不稳定的气块抬升到其所需要的自由对流高度，只能为对流系统提供合适的热力动力环境背景。次天气尺度过程是主要的对流启动机制，次天气尺度过程由中尺度切变线和辐合线、中低压和风暴尺度的系统引起。如锋面、干线、对流风暴的外流边界（阵风锋）、海（陆）锋、重力波等，另外，地形的抬升作用、地形加热不均也可以触发强对流。

3.2.1 冰雹

大量的观测研究表明，冰雹是在发展旺盛的雷暴云中产生的，雷雨云的内部结构非常复杂，大体可分为三层，最下面的一层温度在 0 ℃以上，主要由水滴组成，中间一层为 0 ℃至 −20 ℃，由过冷却水滴、冰晶、雪花混合组成，最上面一层，温度在 −20 ℃以下，完全由冰晶和雪花组成。不是所有的雷暴云都能降冰雹，降冰雹的雷暴云必须具备三个条件：第一，空气中的水汽含量较多；第二，有强烈的对流，即云中有强烈的上升和下沉运动；第三，在上升气流中上部的温度低于冰点，即云中为上冰下水的混合体。在这样的雷暴云中，随着气流的上升和下沉运动，云中的雪花、冰晶与过冷水滴碰撞（或水滴上升冻结），形成雹核。当雹核遇到下沉气流或处于上升气流较弱的地方，雹核就往下坠落，在坠落过程中又有雪花或水滴粘附上去。遇到上升气流又被带到云的上部去，在云的上部，由于温度降低又结成一层冰，上升气流减弱或遇到下沉气流时，它又坠落到冰点线以下，由于温度增高，表面融化，同时又有水滴粘附上去，再被上升气流带到云的上部。就这样，每上升、下降一次，就多一层透明和不透明的冰层。上下翻腾多次，像滚元宵一样越滚越大，最后，当上升气流再也托不住时就降落到地面，成为冰雹。直径 <5 mm 的为小冰雹，5 mm≤直径 <20 mm 的为中冰雹，20 mm≤直径 <50 mm 的为大冰雹，直径≥50 mm 的为特大冰雹（《冰雹等级》（GB/T 27957—2011））。统计分析，青岛地区产生冰雹的天气形势主要是四类：前倾槽、华北冷涡、东北冷涡的横槽型、东北冷涡的西北气流型。特别是前倾槽和华北冷涡的天气形势容易产生大冰雹。

3.2.2 雷暴大风

雷暴大风是由雷暴云中一股强下沉气流到达地面或地面附近产生的。雷暴云中空气向下运动的原因，一是因为云中空气变冷得到负浮力，二是因为外加某种力将空气向下拖曳所致。雷暴云内的下沉气流有两个来源：一是来源于雷暴云中的下沉气流，二是来源于雷暴云周围对流层中层的干冷空气。后者一般从云体右后方进入，并和云中的空气混合，然后下沉到地面。因此，对流层中层干冷空气侵入与雷暴大风的产生有着密切的关系。

影响山东强对流天气的天气系统为冷涡、西北气流、低槽、阶梯槽、横槽及副高边缘西南气流（刁秀广 等，2015）。其中，低槽、冷涡和副热带高压边缘对山东地区强对流天气的影响超过 95%。

形成机制：①当深层垂直风切变较强时，往往对应中高层（400 ~ 700 hPa）即夹卷层平均风速较大，动量下传在雷暴大风的形成过程中占主要作用（图 3.5）。②当垂直风切变较弱时，强风并伴随高强度的降水是其典型特征，降水的拖曳作用占主导地位，强反射率因子核的快速下降和差分反射率 K_{DP} 高值区的出现或快速下降可作为识别地面大风发生的判据（图 3.6）。同时冰相粒子的融化和干空气的夹卷蒸发也有一定作用。③干空气夹卷和蒸发冷却降温效应，有利于干空气夹卷进入下沉气流中，使得雨滴急剧蒸发，下沉气流内温度降低到明显低于环境温度而产生向下的加速度，下沉气流加速增强，到达地面显著降温（冷池形成）增压在地面形成密度流，密度流叠加下沉气流使得地面风速明显较大（图 3.7）。

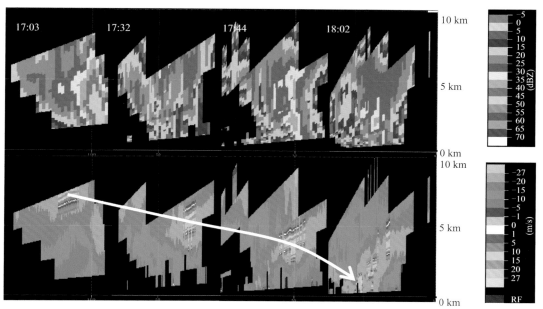

图 3.5 雷暴大风形成机制——动量下传主导

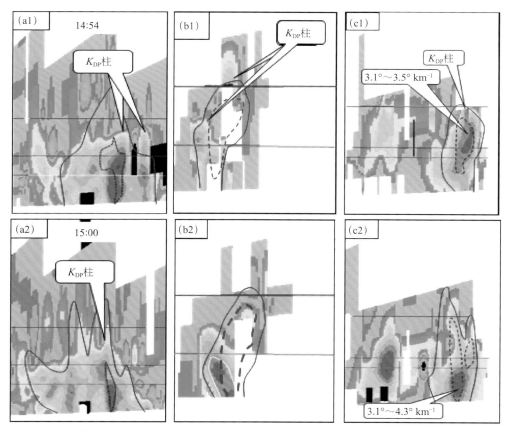

图 3.6 2022 年 6 月 26 日 14：54（a1）、15：00（a2）青岛双偏振雷达，2022 年 6 月 30 日 12：37（b1）、12：42（b2）济南双偏振雷达，以及 2022 年 7 月 2 日 15：31（c1）、15：37（c2）济宁双偏振雷达差分相移率（K_{DP}）垂直剖面图

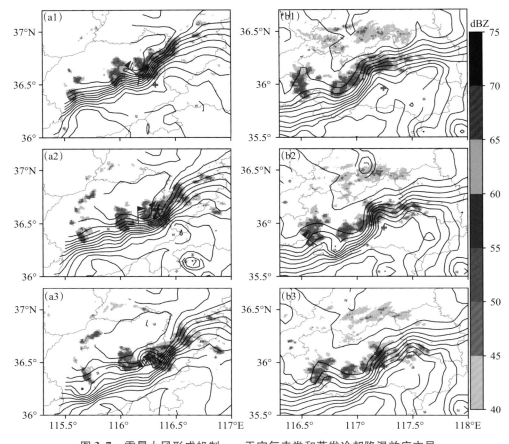

图 3.7　雷暴大风形成机制——干空气夹卷和蒸发冷却降温效应主导

（2017 年 6 月 2 日 18∶30（a1）、18∶40（a2）、18∶45（a3）和 2017 年 8 月 6 日 18∶50（b1）、19∶00（b2）
和 19∶05（b3）气温及其临近时刻雷达反射率因子和 10 级以上阵风分布）

3.2.3　短时强降水

短时强降水的形成要具备水汽、不稳定层结和抬升力条件。基于 1981—2012 年 4—10
月青岛市降水资料，得出造成青岛短时强降水的天气形势可分为 6 个类型：西风槽型、横槽
型、低涡型、热带低值系统型、西北气流型、切变线型。西风槽型占短时强降水个例比例最
大，为 61.7%，其次是横槽型，占 15.0%（表 3.1）。

表 3.1　短时强降水天气形势分析

天气形势	出现次数/次	出现概率/%
西风槽型	74	61.7
横槽型	18	15.0
低涡型	11	9.1
热带低值系统型	8	6.6
西北气流型	6	5.0
切变线型	3	2.5

（1）西风槽型环流特征

在 500 hPa 天气图（图 3.8a）上表现为：中纬度西风带有明显槽。850 hPa 天气图上一般有切变线、低涡或气旋性环流，同时低层存在急流。此类型产生的短时强降水的强度最大，往往可以达到暴雨量级。另一类，在副高西北部有弱槽，产生的短时强降水局地性强。

（2）横槽型环流特征

在 500 hPa 天气图（图 3.8b）上表现为：在青岛周围四个纬度外有低涡中心，一般位于东北地区。如果低层切变线明显，则短时强降水较强。

（3）低涡型环流特征

在 500 hPa 天气图（图 3.8c）上表现为：在青岛周围四个纬内有低涡中心，低层也存在气旋性环流（不一定闭合），此类型产生的短时强降水强度弱、范围小。

（4）热带低值系统型环流特征

热带低值系统型包括登陆后减弱的低压环流、台风倒槽、东风波。其中以低压环流和台风倒槽产生的短时强降水居多（图 3.8d）。

（5）西北气流型环流特征

在天气图（图 3.8e）上表现为：高层和低层，青岛上空都转为西北气流，此类型产生的短时强降水强度弱、范围小。

（6）切变线型

在 500 hPa（图 3.8f）、700 hPa、850 hPa 天气图上，都存在暖切变线。由于没有冷空气，产生的短时强降水强度弱、范围小。

产生大范围短时强降水时，高空 500 hPa 天气系统西风槽非常明显，700 hPa 和 850 hPa 存在切变（低涡、气旋性环流），而且低层有时存在西南急流。另外，热带低值系统型中弱冷空气处于台风外围的偏东气流中和登陆后减弱的低压环流都能产生大范围短时强降水。

3.3　强对流天气的物理量特征

对流参数反映了对流天气发生发展的环境条件特征。有些参数对于对流天气没有普适性。使用时必须要清楚对流参数的物理意义、适用条件、不确定性、局限性等。下面介绍一些常用的对流参数。

3.3.1　对流有效位能（CAPE）

大气对流是有效能量之间的相互转换和释放，对流有效位能反映对流上升运动可能发展的最大强度。

气块受外力抬升，当气块的重力小于外部浮力时，一部分位能有可能转换为动能，这部分位能叫作有效位能（CAPE），其表达式为：

$$\text{CAPE} = g \int_{z_b}^{z_t} 1/T_{ve} \cdot (T_{va} - T_{ve}) \, \mathrm{d}z$$

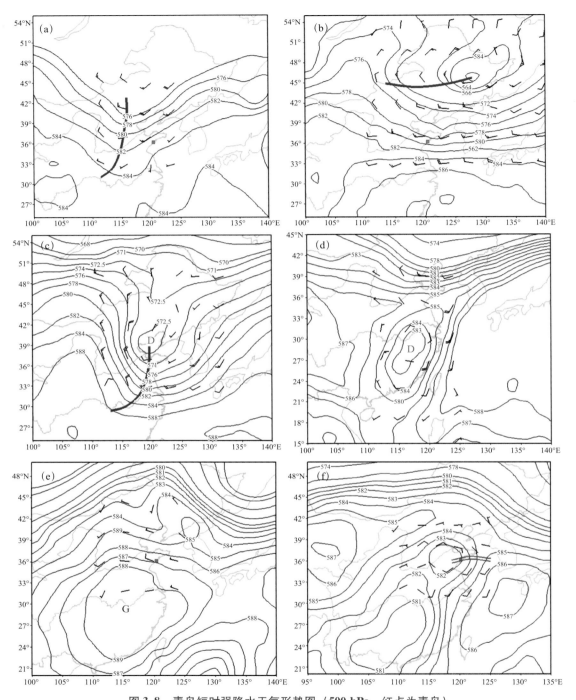

图 3.8　青岛短时强降水天气形势图（500 hPa，红点为青岛）

（a）西风槽型；（b）横槽型；（c）低涡型；（d）热带低值系统型；

（e）西北气流型；（f）切变线型

式中，z_b、z_t 分别表示热力学图解中层结曲线与上升曲线间正面积底和顶的高度，T_v 表示虚温，下标 a 为自地面上升的有关量，下标 e 表示环境的有关量。CAPE 越大越有利于对流发展。

　　CAPE ＜300 J/kg，绝大多数情况下层结稳定，极少有对流；

　　300 J/kg＜CAPE ＜1000 J/kg，弱不稳定，弱雷暴；

　　1000 J/kg＜CAPE ＜2500 J/kg，中等强度不稳定，可能有强雷暴；

　　2500 J/kg＜CAPE ＜3500 J/kg，非常不稳定，强雷暴；

　　3500 J/kg＜CAPE，极其不稳定，极有可能发生强雷暴。

3.3.2　K 指数

　　K 指数的定义为：

$$K = (T_{850} - T_{500}) + Td_{850} - (T - Td)_{700}$$

　　如果在 700 hPa 附近大气较干，K 指数中 $(T - Td)_{700}$ 的值较大，那么 K 指数就较小。K 指数越大，大气层结越不稳定。

　　K ＜15 ℃，无雷暴（0%）；

　　15 ℃＜K ＜20 ℃，无雷暴（＜20%）；

　　21 ℃＜K ＜25 ℃，孤立雷暴（20%～40%）；

　　26 ℃＜K ＜30 ℃，大范围零星雷暴（40%～60%）；

　　30 ℃＜K ＜35 ℃，成片雷暴（60%～80%）；

　　35 ℃＜K ＜40 ℃，成片雷暴（80%～90%）；

　　40 ℃＜K，必有雷暴（100%）。

3.3.3　沙氏指数（SI）

$$SI = Te_{500} - T'_{500}$$

式中，Te_{500} 为 500 hPa 环境温度，T'_{500} 为气块自 850 hPa 干绝热上升到 500 hPa 时的温度。

　　SI ＜0 ℃表示大气层结不稳定。

　　3 ℃＜SI，发生雷暴可能性很小；

　　1 ℃＜SI ＜3 ℃，有发生雷暴可能性；

　　－3 ℃＜SI ＜0 ℃，较有可能发生强雷暴；

　　－6 ℃＜SI ＜－4 ℃，非常有可能发生强雷暴；

　　SI ＜－6 ℃，极有可能发生强雷暴。

3.3.4　高、低空温差（$\Delta T_{850-500}$）

　　强对流一般出现在 $\Delta T_{850-500} \geqslant 28$ ℃的区域。

3.3.5　0 ℃层高度和－20 ℃层高度

　　0 ℃所在高度是云中冻结高度的下限，为识别雹云的一个重要参数。山东境内 0 ℃层海拔高度一般为 3.0~4.5 km 比较有利。大水滴自然成冰温度在 −20 ℃ 左右，因此这一温度所在的高度也是表示雹云特征的一个重要参数。一般来说，环境大气有利于降雹的 −20 ℃ 高度在 5.5~6.9 km（500~400 hPa 附近）最易于形成雹云。

3.4 长寿命强风暴

将山东境内雷达回波强度超过 30 dBZ，且生命周期超过 2 h 的强对流单体定义为长寿命强对流单体。长寿命强对流单体发生时往往伴随着大范围的强对流天气，包含短时强降水、冰雹和雷暴大风等。

3.4.1 造成灾害类型及强度特征

在 14 个个例中，发生特大冰雹 1 次，大冰雹 7 次，中冰雹 5 次，小冰雹 1 次；发生 13 级大风 1 次，12 级大风 1 次，11 级大风 2 次，10 级大风 4 次，9 级大风 3 次，8 级大风 3 次。发生灾害剧烈程度似乎与雷暴单体持续时间并没有明显的对应关系。在 2016 年 6 月 14 日发生特大冰雹时，强对流单体持续时间仅为 3 h 17 min；发生极大 13 级风时，强对流单体的持续时间仅为 2 h 56 min。两种极端灾害发生时，强对流单体持续时间基本都在 3 h 左右。

造成长寿命强对流单体的天气系统可分为 4 种类型：冷涡型、西风槽型、低槽型和西北气流型（图 3.9）。其中冷涡型共发生 8 次，西风槽型和低涡切变线型各发生 2 次，横槽型 1 次。

3.4.2 环境变量特征

长寿命强风暴由于其持续时间较长，因此绝大多数风暴途经距离较远，所以在以下环境变量统计过程中都是使用长寿命强对流单体发生临近时刻的附近或上游地区两个地区的探空站数据（探空站 1 和探空站 2）。

（1）对流有效位能（CAPE）、对流抑制能量（CIN）和下沉对流有效位能（DCAPE）

如图 3.10 所示，对于长寿命强风暴来说，发生前 CAPE 值最大不超过 2000 J/kg，平均值不超过 767 J/kg；CIN 值最大不超过 450 J/kg，平均值不超过 174 J/kg；而对于 DCAPE 来说，最大值不超过 1600 J/kg，平均值不超过 367 J/kg。生命期越长的雷暴单体，CAPE 值反倒越小，生命期超过 5 h 的雷暴单体 CAPE 值最大为 551.6 J/kg。>4 h 的长寿命雷暴单体平均 CAPE 值要比 <4 h 的雷暴单体小 467 J/kg，但对流抑制能偏多（60 J/kg），同时下沉对流有效位能 DCAPE 则要显著偏小，平均值比 <4 h 的雷暴单体偏小 487 J/kg。尽管 CAPE 值越大越利于强对流天气发生，DCAPE 值越大越有利于强风雹的发生，但对于长寿命强对流单体而言，CAPE 值和 DCAPE 值不能过大，同时要有一定的对流抑制能量，否则太剧烈的对流可能会迅速导致对流单体填塞，从而较快地结束其生命过程。

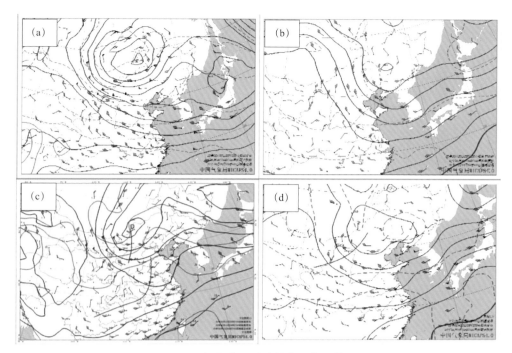

图 3.9 长寿命强对流单体天气形势图

（a）冷涡型；（b）西风槽型；（c）低涡切变线型；（d）横槽型

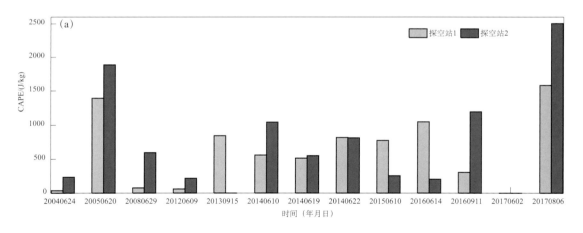

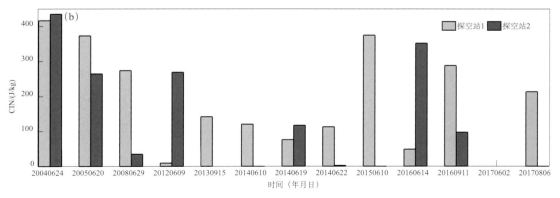

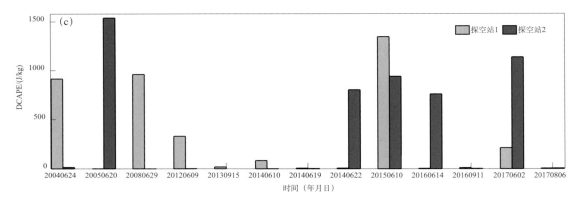

图 3.10 CAPE（a）、CIN（b）和 DCAPE（c）变化情况

（2）K 指数

生命期 >4 h 的强对流单体 K 指数最小为 23 ℃，最大为 39 ℃，平均为 30.9 ℃；生命期 <4 h 的强对流单体 K 指数最小为 17 ℃，最大为 38 ℃，平均值为 26.9 ℃。生命期长的强对流单体 K 指数要略大于生命期短的对流单体（图 3.11）。

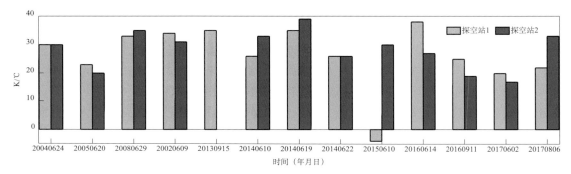

图 3.11 K 指数变化情况

（3）SI 指数

生命期 >4 h 的强对流单体 SI 指数最小为 -5.37 ℃，最大为 6.7 ℃，平均为 -0.5 ℃；生命期 <4 h 的强对流单体 SI 指数最小为 -3.49 ℃，最大为 4.24 ℃，平均为 -0.4 ℃（图 3.12）。

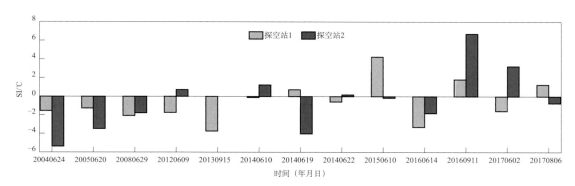

图 3.12 SI 指数变化情况

综合分析可知，探空站 SI 数值对强对流单体寿命长短指标意义不明显，仅在一定程度上能够判别发生强对流的可能性。SI 指数一般为负值时指示意义较明显，当 SI 指数为正值时，如果 SI 之后有明显的降低，也会对强对流发生有一定的指示意义。

（4）0 ℃层和 −20 ℃层高度

持续时间 >4 h 的对流单体，−20 ℃层与 0 ℃层高度差最小为 2697 m，最大为 3640 m，平均差值为 3165 m；对于生命期 <4 h 的对流单体，−20 ℃层与 0 ℃层高度差最小为 2614 m，最大为 3430 m，平均差值为 2949 m。通过对比分析可知，生命期偏短的长寿命强对流单体 −20 ℃层与 0 ℃层差明显偏大（210 m），即 −20 ℃层与 0 ℃层之间的厚度更厚，更有利于冰雹的增长，出现剧烈的对流天气（图 3.13）。

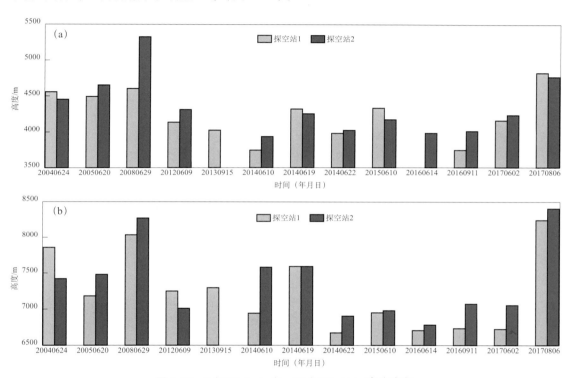

图 3.13 0 ℃层（a）和 −20 ℃层（b）高度变化

3.5 雷达回波特征及临近预警指标

3.5.1 雷达回波特征的风暴分类

强对流天气由强的对流风暴产生，而对流风暴通常由一个或多个对流单体组成。不同对流单体水平尺度和垂直尺度存在较大差异，水平尺度可以是 1 ~ 2 km 的积云塔，也可以是几十千米的积雨云系。但在雷达图像上，一个对流单体通常以一块紧密的雷达反射率因子区或造成深对流的强上升气流区为标志。

对流风暴可以分为四类：普通单体风暴、多单体风暴、线风暴（飑线）、超级单体风暴。前三类风暴既可以是强风暴，也可以是非强风暴，而第四类风暴一定是强风暴。多单体风暴通常指全部由普通单体构成的多单体风暴；超级单体风暴可以指孤立的超级单体风暴，也可以指包括超级单体在内多个单体构成的风暴，其中超级单体占支配地位；线风暴中也可以包含一个或多个超级单体（俞小鼎 等，2006）。

3.5.2 冰雹回波特征

降雹风暴成熟前期存在垂直累积液态水含量（C-VIL）跃增现象，5月 C-VIL 值较小，6、7、8月差别不大；最大反射率因子5—8月依次增大，5月略小于60 dBZ，6、7、8月在63 dBZ 左右；强中心高度，5月较低，在 4.0~4.5 km，7月较高，在 5.5~6.0 km；单体高度，5月较低，约9.8 km，7月最高，接近 12 km，6、8月大致相当，略高于 10 km。雹暴发展迅猛，最典型特征就是 C-VIL 在 1~2 个体扫时间内迅速跃增，之后维持在较高的数值，直至雹暴减弱。

3.5.2.1 PPI（Plan Position Indicator，平面位置显示产品）上冰雹云回波的形态特征

（1）V 形缺口。PPI 回波中的 V 形缺口，表明云中已有众多大冰雹形成，由于云中大冰雹、大水滴等大粒子对雷达波的强衰减作用，雷达探测时电磁波不能穿透主要的大粒子（冰雹）区，在大粒子（冰雹）区的后半部形成所谓的 V 形缺口。应该注意的是，这种 V 形缺口通常只有用波长较短的雷达，例如 3 cm 波长的雷达探测时才可能出现。对 S 波段的雷达，由于衰减作用小，一般不易看到这种回波形态。

（2）钩状回波。强冰雹云，伴随着强的低层上升入流的进一步发展，入口缺口会演变成钩状，常出现在回波移动方向的右侧或右后侧，这也是冰雹云的特征形态。它们通常是超级单体风暴回波型的一种识别标志，所以只要确认探测到了钩状回波，结合回波体的强度、高度和尺度，一般应能够辨认出超级单体风暴，从而确认它是冰雹云。

钩状回波气流结构是由于冰雹云具有强的上升入流气流，在云中下部的倾斜上升气流区内缺少大粒子，因而形成弱回波区，反映在低层 PPI 回波上出现一个向云内凹入的缺口，缺口处具有最大的回波强度梯度，这种缺口叫入流缺口，是云体具有强上升气流达到雹云阶段的一个标志。雷达在低仰角探测时才能发现。

（3）人字形回波。由数个单体排列成的长达百余千米的条状雹云回波，在高原上常可见到，这往往都是规律性移入雹云。这种回波的出现常伴随着较强的降雹。人字形回波可由多个单体组成，也可由两个单体组成，该形态回波的出现，说明雹暴生成于两种性质和速度不同的气团边界上，受扰动而造成对流的旺盛发展。

（4）弓形回波。弓形回波是指快速运动的、向前凸起的、形如弓的强对流回波。它通常伴随下击暴流、冰雹、暴雨或龙卷等强烈天气现象，对农业生产危害极大。弓形回波通常是由孤立风暴诱发的下击暴流激发而产生，或者由飑线中的强对流单体产生的下击暴流，冲击对流云带加速移动而形成。条状回波的形态表征着对流活动的组织化形成了飑线，这种组织化会增强其中的一些单体迅速增长，形成强雹云，条状回波对应着地面和低层有气流切变线形成。这种线状切变是不稳定的，可以起波形成涡旋，线状变成波状就可以观测到弓形回波。

3.5.2.2　雷达垂直扫描模式（RHI）上冰雹云回波的形态特征

在 RHI 垂直剖面上，冰雹云回波具有以下一些明显的特征。

（1）弱回波穹窿（即弱回波区）。超级单体风暴中的弱回波穹窿处于冰雹云内部强上升气流区，因此当沿着上升气流的方向进行 RHI 扫描观测时，就会显示出从低空倾斜的升向云体中上部的弱回波穹窿，弱回波穹窿介于悬挂回波和回波墙之间。穹窿顶部为强回波区所覆盖，最高回波顶也常位于弱回波穹窿的正上方。悬挂回波中有大量的雹胚和过冷却水滴以及小冰雹，因而具有较大的回波强度，回波墙是大冰雹的主要降落处，这里回波陡直，回波强度和强度梯度都很大。

由于超级单体风暴中上升气流特别强，在其上升运动区出现了相对弱的回波区在降雹区，且雹块集中降落，形成了垂直方向的特强回波区（墙）；在其前沿，小冰雹循环上升的区域构成了悬挂回波。

（2）强回波区高度。由于冰雹云中的强上升气流能迅速把大粒子抬升到 0 ℃层以上较高的高度，在那里形成含水量累积区。含水量累积区内大量的大冰雹、过冷却水滴的雷达反射率因子特大，在冰雹云回波的垂直剖面上构成强回波中心。在 RHI 上，冰雹云的强回波中心的高度远比普通雷暴的强回波中心高，这就是雷达探测冰雹云时常用的所谓强回波高度。实践证明，用 RHI 上的回波型判别冰雹云，强回波高度是一个很成功的指标。图 3.14 是 2020 年 5 月 17 日 20:20 青岛雷达反射率因子及剖面图，可以看出，风暴发展非常旺盛，顶高接近 15 km，60 dBZ 强的回波发展到 8 km 高度以上。风暴前侧中层存在非常明显的有界弱回波区（BWER），BWER 顶部伸展到 5 km 左右高度，BWER 上方和前侧有较强的回波悬垂，BWER 后方强大的回波墙。该强风暴在平度西崔家集镇、明村镇造成严重风雹灾害，最大冰雹直径达 6 cm。

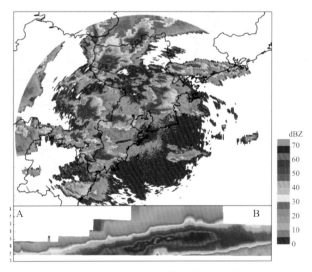

图 3.14　2020 年 5 月 17 日 20:20 青岛雷达反射率因子及剖面图

（3）旁瓣回波。当云中的冰雹形成区（含水量累积区）回波特别强，在雷达做垂直剖面观测时，RHI 上的强雷暴回波顶上出现一尖锐的回波。

2020 年 5 月 17 日青岛平度市一次风暴天气中出现了三体散射现象，并都与大冰雹相对应。图 3.15 是 2020 年 5 月 17 日 20:20 时青岛雷达 4.3°仰角反射率因子图。同时刻 2.4°仰角速度场出现中气旋，在雷达径向风暴核前方存在明显的突出部分即三体散射长钉（TBSS），强度小于 15 dBZ。风暴核最大反射率因子为 72 dBZ。此时强风暴位于崔家集镇，地面最大降雹直径约 6 cm。

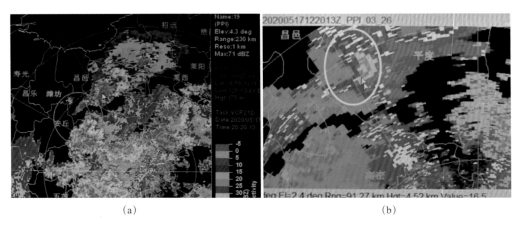

（a） （b）

图 3.15　2020 年 5 月 17 日 20:20 青岛雷达 4.3°仰角反射率因子（a）和 2.4°仰角速度场（b）

（4）回波跃增。是冰雹云发展的一个重要特征，出现跃增增长时，45 dBZ 强回波区比 0 dBZ 回波区增长得更快，说明云内的上升气流特别强，观测到跃增增长的回波后在地面要考虑有降雹。

3.5.2.3　大冰雹（2 cm 以上）的雷达回波特征

大冰雹的形成和增长的过程与上升气流的尺度和强度有关，但不是唯一因子，冰雹增长的大小还和上升速度最强的核心区周围的中等强度上升气流区域的大小有关。大冰雹常常和超级单体紧密相连，它形成并降落在中气旋周围的钩状回波附近（或弱回波区附近）的强回波中。这里的强回波是由于后向散射能力很强的大冰雹所造成的。产生大冰雹的必要条件：对流风暴中强烈的上升气流，有利条件：大的对流有效位能（CAPE）和较大的垂直风切变。

（1）回波强度最大值及所在高度，有界弱回波区（BWER）或弱回波区（WER）区域大小，垂直累积液态水含量（VIL）的大值区等都是判断强降雹潜势的指标。

（2）当冰雹穿过宽阔的包围在强烈的上升气流核边缘的中等强度上升气流区时，对形成大冰雹最有利。

（3）具有宽阔的弱回波区或有界弱回波区，特别是当它们上方存在强反射率因子核的风暴最有利于大冰雹或降雹的发生。下落的冰雹开始融化的高度对落到地面的冰雹尺寸和数量有重要影响。

（4）特别简单有效的判断有无大冰雹的方法是根据强回波区相对于 0 ℃和 −20 ℃等温线高度的位置。强回波区必须扩展到 0 ℃等温线以上才能对强冰雹的潜势有所贡献。当强回波区扩展到 −20 ℃等温线高度之上时，对强降雹的潜势贡献最大。一般在 45～55 dBZ 之间才算强回波。

（5）VIL 密度超过 4 g/m³，则风暴一定会产生直径超过 2 cm 的大冰雹。

（6）风暴顶辐射是与风暴中强上升气流密切相关的小尺度特征。它提供了上升气流强度的一个度量，可以与最大冰雹尺寸相关联，并且是风暴强度变化的一个早期指示。

（7）TBSS 是由包含大的水凝结物如大的冰雹对雷达波的非瑞利散射（米散射）所引起的。向前的雷达波束的一部分被大的降水粒子（如冰雹）散射到地面，由地面反射到空中的有降水粒子构成的强散射区域的雷达波又被散射回雷达，对于 S 波段（10 cm）雷达，出现三体散射现象表明风暴中存在大冰雹。

3.5.3　雷暴大风回波特征

从雷达回波形态上来看，引起雷暴大风的对流主要为飑线或弓形回波、超级单体风暴、孤立单体风暴、多单体风暴等。

3.5.3.1　弓形回波

弓形回波是一种呈现为"弓形"的回波形态，可以表现为"弓形"的多单体强风暴，也可以镶嵌在飑线中作为其中的一部分。弓形回波自身的尺度范围为 20~120 km。强风通常出现在弓形回波的顶点附近，弓形回波顶点后面存在后侧入流急流，对应反射率因子上的后侧入流缺口（Rear Inflow Notch，RIN）（俞小鼎 等，2020）。图 3.16 为 2018 年 6 月 13 日午后青岛地区一次非常典型的弓形回波。

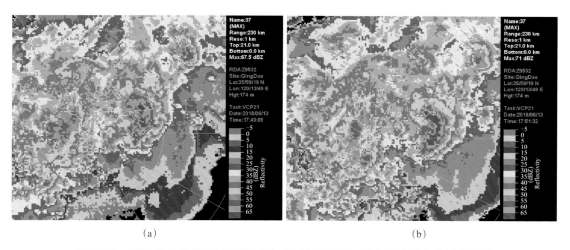

（a）　　　　　　　　　　　　　（b）

图 3.16　2018 年 6 月 13 日 17:40（a）和 17:51（b）青岛雷达组合反射率因子

3.5.3.2　中层径向辐合（MARC）

中层径向辐合是指对流风暴中层的集中辐合区，实质上是风暴前侧强上升气流与后侧强下沉气流之间的过渡区。MARC 是风暴所致直线型大风的典型特征之一，弓形回波和飑线普遍具有 MARC 特征，有些带状强降雨回波的局部或者相对孤立的单体也具有 MARC 特征。显著的中层径向辐合，是指在地面以上 3~7 km 高度，构成上述高度区间最强径向速度辐合的速度极大值和极小值之间的差值不低于 25 m/s，并且两者之间的距离不超过 15 km（俞小鼎 等，2020）。

受冷涡影响，2020 年 5 月 17 日下午至夜间山东出现大范围强对流天气。山东省大部地区出现 8~10 级雷雨大风，11 个观测站出现 11 级以上极大风，国家级自动气象观测站（国家站）最大风速 34.6 m/s（临沂站），区域站最大风速 36.6 m/s（日照岚山港务局），半岛地区最大风速 32.5 m/s，出现在青岛马连庄农场区域站。从图 3.17a 20 时 31 分的组合反射率因子图中可以看到在超级单体后侧存在强的 V 形缺口，在 2.4°、3.3°、4.3°仰角径向速度图上均存在较强的正负速度的强中层径向辐合，20 时 37 分同样存在显著的 MARC，青岛的马连庄农场在随后的 20 时 39 分出现风速达 32.5 m/s 的大风天气。

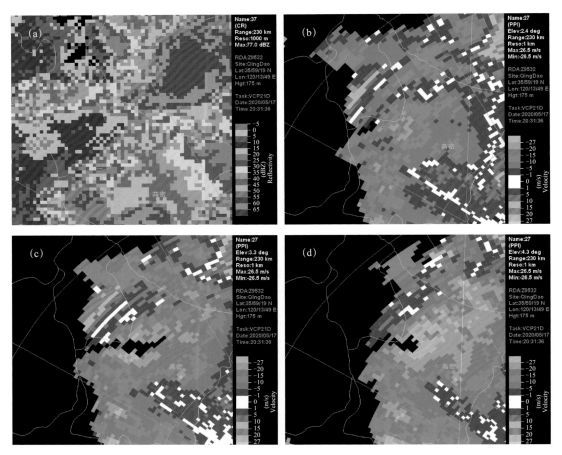

图 3.17　2020 年 5 月 17 日 20:31 青岛 SA 雷达组合反射率因子（a）
和多层径向速度图（（b）2.4°；（c）3.3°；（d）4.3°）

3.5.3.3　底层强辐散

下击暴流在近地层有明显的辐散气流，在近距离雷达径向速度图上表现为明显的径向辐散。如图 3.18 所示，21 时 05 分在青岛南部沿海一带，底层出现强辐散，中心最大速度差可达 46 m/s，辐散强度非常强，在同一时刻青岛 34 个站中出现风速达 34.9 m/s 的 12 级极端大风。

3.5.3.4　低层径向速度大值区

在距离地面 1.2 km 以下的低空探测到风速绝对值在 20 m/s 或以上的大风区，无论是下击暴流直接导致的大风还是快速推进的阵风锋导致的大风，地面附近出现 8 级或以上大风的概率很大。

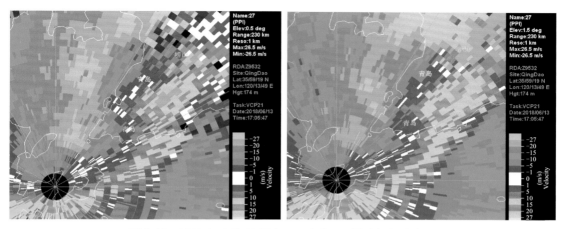

图 3.18　2018 年 6 月 13 日 21:05 青岛 SA 雷达径向速度图

图 3.19 是 2018 年 6 月 28 日发生在青岛境内的一次超级单体事件，在 03 时 34 分平度上空出现较强的靠近雷达速度并出现速度模糊，最大速度达 44 m/s，03 时 40 分最大速度达 30 m/s，青岛的北墅出现风速 37 m/s 的大风，之后青岛的崔召镇在 03 时 41 分出现风速 29.3 m/s 的大风。

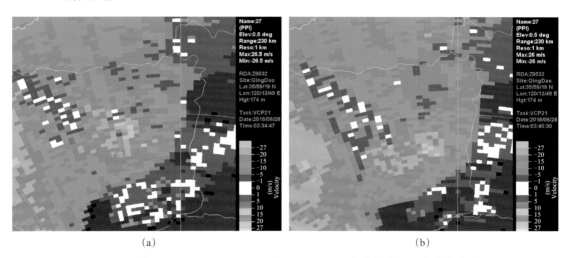

(a)　　　　　　　　　　　　　　　　　(b)

图 3.19　2018 年 6 月 28 日 03:34（a）和 03:40（b）青岛雷达 0.5°仰角径向速度图

3.5.3.5　移动速度较快的对流风暴

对流风暴移速较快，说明风暴承载层平均风构成的平流与对流风暴传播矢量合成后的移动矢量较大，这样除了雷暴内强烈下沉气流对雷暴大风的贡献外，动量下传对雷暴大风的贡献会明显增加。要求对流风暴的最大反射率因子在 50 dBZ 以上，较快移动速度的具体参考值确定为不低于 12 m/s（俞小鼎 等，2020）。

3.5.3.6　阵风锋移动速度不低于 15 m/s

多数情况下，可能只有阵风锋的某一部分移动速度超过 15 m/s，那就只对这一部分阵风锋进行大风预警（俞小鼎 等，2020）。

3.6　海风锋在飑线长时间维持过程中的作用

飑线是一种带（线）状的中尺度深厚对流系统，水平尺度通常为几百千米，典型生命史 6~12 h，常带来灾害性的雷雨大风或局地强降水，有时伴有冰雹和龙卷，是一种发展快、破坏力强的 β 中尺度天气系统。飑线的触发和组织化过程常与地面风场辐合线、锋面、中空急流等中尺度扰动及地形等因素关系密切。青岛三面环海，受海陆非绝热加热差异的影响，夏、秋季午后常有海风向内陆推进。海上的冷湿气团与内陆的暖干气团之间形成类似锋面性质的气团交界面，被称为海风锋。海风锋对强对流天气有触发作用。2016 年 6 月 30 日中午开始，初始对流系统在河北中南部地区生成，之后向东偏南方向移动并发展成飑线回波带，强回波前沿于当日 12 时前后开始影响山东省，直到 20 时全部移出青岛沿海，历时超过 8 h（图 3.20），造成了大范围雷暴大风天气，半岛地区的海风锋对这一过程产生了重要影响。

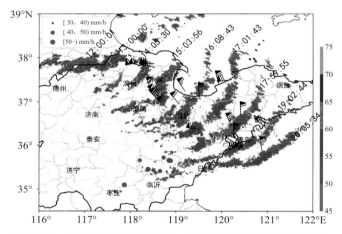

图 3.20　2016 年 6 月 30 日 12—20 时飑线系统逐小时演变图

（填色：45 dBZ 以上雷达组合反射率拼图，相同虚线颜色代表同一时次；风向杆：10 级及以上阵风；

绿色圆点：30 mm/h 以上降水；蓝色▲：最大冰雹出现位置）

飑线于 12:00 前后完成第一次组织化，14:46 再次完成组织化，之后继续向东南方向移动，20:00 前后完全移出青岛沿海进入黄海，入海后也一直保持线状形态，整个生命期陆上可达 8 h。午后开始，半岛东部黄海沿岸的海风环流也逐渐建立起来，风场上表现为垂直于海岸线的东南风。黄海海风的建立，有利于海上的湿空气向内陆地区输送，海风向内陆推进最远可达 70 km 以上。16:08—16:32，向东南方向移动的飑线系统与向西北方向推进的黄海海风锋辐合线中段的最突出部分相遇，图 3.21a~c 展示了两者之间的相遇过程。16:08（系统相遇前），飑线系统西段结构趋于松散，组织化程度相对较低；海风锋辐合线中段向西推进至潍坊雷达站以东，此时它与飑线相距约为 20 km（图 3.21a）。16:20 左右，飑线向东南方向突出的弓部与海风锋中段迎面相遇。此后，两者相遇处对流存在快速增强过程：最大反射率因子从 59.5 dBZ 增强至 63 dBZ（图 3.21c），回波顶高度从 12 km 增至 15 km，VIL 值从 35 kg/m² 迅速跃增至 60 kg/m²，并造成了安丘地区的冰雹（16:38—16:44）。

飑线继续东移，推进至黄海海风控制区域。源于黄海的陆上海风、环境西南风和飑线冷池的西北风出流三股气流之间，形成了东北—西南向、斜跨半岛东部的地面辐合线（图3.21e）。辐合线不仅强化了飑线系统前侧的抬升运动，而且形成了水汽辐合带，在冷池出流前侧形成了露点气温的高值中心（图3.21d）。陆地上的海风控制区一直维持较高的露点温度，表明海风存在很强的水汽输送。因此，海风与飑线相遇不仅有利于飑线前侧抬升机制的加强，而且辐合线附近低层水汽的相对密集带，为飑线的长时间维持提供了有利条件。

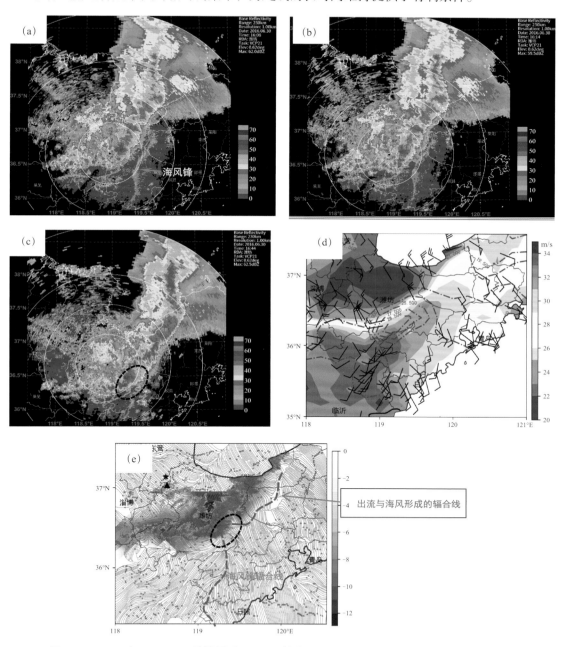

图 3.21　2016 年 6 月 30 日潍坊雷达 0.62 反射率因子（a～c）和自动站物理量分布（d）

（a）16:08、（b）16:14、（c）16:44、（d）16:30 温度（填色区）、风场（只显示风速≥4 m/s 的地面观测）和等露点线；（e）16:30 地面 1 h 地面变温（冷色阴影）、流线和 16:26 的雷达组合反射率因子（暖色阴影）

3.7 双偏振雷达指标及应用

双偏振雷达通过交替或同时发射水平和垂直偏振电磁波，并接收两个偏振方向的后向散射回波，获得目标物的各种信息。除了传统雷达参量水平反射率（Z_H）、径向速度（V）和谱宽（W）以外（均利用水平偏振波得到），通过对比接收到的水平和垂直偏振信号，还可以获得差分反射率（Z_{DR}）、共偏相关系数（ρ_{HV}）和差分传播相移（Φ_{DP}），并基于 Φ_{DP} 得到差分相位变化率（K_{DP}）。这些偏振参量可以反映降水云系中降水粒子的大小、密度、形状、相态等水凝物的信息，因此在提高降水估测精度和冰雹识别准确率等方面具有极大的优势。青岛 S 波段天气雷达经过双偏振升级后，于 2019 年 3 月开始正式运行，观测模式采用双发双收模式（同时发射和接收水平/垂直偏振波），所得相关偏振参量的具体信息如下。

Z_{DR}：水平 – 垂直反射率差，表示粒子形状（正值越大粒子越扁平，反之越竖直，0 表示球形）。微差反射率因子，以分贝表示的 Z_H 和 Z_V 之间的差值（10 为底的对数单位，dB）；与产生后向散射的水凝物粒子的形状、密度和成分构成（影响复介电常数）有关（对于形状大小相同的非球形粒子，Z_{DR} 随着构成粒子物质的介电常数的减小而减小，对于球形粒子，Z_{DR} 是 0，与粒子的构成和密度无关）；与产生后向散射的水凝物浓度无关，对 Z_H 和 Z_V 绝对定标精度不敏感；其精度受到 Z_{DR} 衰减，非各项同性波束阻挡，噪声偏差和非均匀波束充塞影响；Z_{DR} 是雷达取样体积内所有粒子以反射率因子为权重的形状的度量。

ρ_{HV}：共偏相关系数，表示粒子均匀程度（越接近 1 表示粒子水平垂直直径比分布越均一）。雷达取样体积中粒子散射特性不均一程度的一种度量，包括粒子形态，取向，构成等（如复介电常数）；与取样体积内降水粒子的尺寸分布（粒子谱分布）、粒子浓度，衰减和微差衰减，雷达定标误差关系不大；在低信噪比（SNR）和非均匀波束充塞（Non-uniform Beam Filling，NBF）时会出现偏差；在纯雨、纯雪和纯的霰时其值接近于 1.0；在雨和雪混合，雨和冰雹混合以及在 Mie（米）散射效应很大的波段（如大冰雹）值会降低；在非气象目标如 AP 杂波、昆虫、鸟、铝箔以及龙卷卷起的建筑物残渣情况下，值会异常低。

K_{DP}：差分相位变化率，表示大液滴含量（值越大表示扁平的大液滴越多，大冰雹可能出现明显负值）。依赖于降水粒子浓度和大小，还有降水粒子成分构成，相对于 Z_H，K_{DP} 对粒子尺寸的依赖度要小一些；对于密度均匀的球形粒子或密度均匀的随机翻滚的降水粒子，K_{DP} 值在 0 附近；因为 K_{DP} 只涉及位相差，不受雷达定标不准、衰减和微差衰减、波束部分阻挡等因素的影响；在低信噪比（SNR）区域，K_{DP} 大小难以估计，另外，在非均匀波束充塞情况下，其误差也会比较大；在大粒子 Mie 散射情况下，Φ_{DP} 中会包含一项称为后向散射相移 δ 的附加项，有时会导致 K_{DP} 出现负值。

青岛个例结果显示，对于北上热带气旋造成的强降水（台风"利奇马"），其降水粒子主要为直径 1 mm 以下的小雨滴，夹杂有 5 mm 以上的大雨滴（雨滴谱观测 1 mm 以下粒子数密度最大达到 $10^6/(mm/m^3)$，而 5 mm 以上在 $10^0/(mm/m^3)$ 左右），其 Z_{DR} 在 1.0 ~ 2.5 dB

之间，相关系数超过 0.99，K_{DP} 最大达到 2.5°/km。对于冷涡背景下的降雹超级单体 (20200517)，大冰雹对应的 Z_{DR} 在 $-0.5 \sim 1.5$ dB，相关系数多在 $0.75 \sim 0.9$，K_{DP} 会出现缺测；对于江淮气旋暴雨（20200508），强降水区 Z_{DR} 值多在 $2.5 \sim 4.0$ dB，相关系数在 $0.95 \sim 1.0$，K_{DP} 在 $1° \sim 2°/km$，显示降水粒子较大。

第4章 冬季降雪的特征及预报

青岛地处山东半岛，东、南濒临黄海，西临半岛内陆，北临渤海，具有典型的沿海气候特征，同时又具有山东半岛冬季冷流降雪的特点。全市地形中，平原占37.7%，盆地占21.7%，丘陵占25.1%，山地占15.5%，道路崎岖不平，由于青岛特殊的地理条件制约，因此即使0.1 mm的降雪，也会造成道路湿滑甚至结冰，严重影响城市交通运输，强降雪还可能对社会经济造成损失。

4.1 降雪气候特征

青岛地区的初雪日最早在9月3日开始，终雪日最晚4月28日结束，但降雪主要集中在11月初至次年4月初（1981—2012年）。就时间分布而言，12月、1月、2月降雪以及纯雪出现的日数最多，同时这三个月也是全区性降雪出现最多的月份，而3月雨夹雪出现的日数最多。就地理分布而言，全市年平均降雪日数在12.4～18.0 d，最多出现在莱西（18.0 d），平度次之（17.5 d），最少是黄岛（12.4 d），其他地区则平均在13 d左右，其中，各地平均纯雪日在9.6～15.5 d，依然是莱西最多（15.5 d），平度次之（15.3 d），黄岛最少（9.6 d），其他地区平均在11 d左右。总降雪日以及纯雪日呈现明显北多南少分布，而雨夹雪平均日数则在1.7～2.8 d，其中黄岛最多（2.8 d），青岛市区次之（2.7 d），胶州最少（1.7 d）。就年平均降雪日（包括雨夹雪）降水量而言，青岛各地在9.9～14.8 mm，其中莱西最多（14.8 mm），黄岛次之（14.3 mm），崂山最少（9.9 mm）。

4.2 降雪影响系统

影响青岛冬季降雪的天气系统共有横槽（包括西北下滑槽）、回流、冷流、气旋、西风槽和其他六种类型（表4.1）。

表4.1 2001—2012年青岛市区域降雪影响系统分布　　　　　　　　　单位：d

	气旋	回流	西风槽	冷流	横槽	其他
全区	10	19	35	33	24	/
北部	1	/	8	36	14	3
南部	/	3	16	5	7	2
合计	11	22	59	74	45	5

2001—2012 年影响青岛区域性降雪日数 216 d，其中冷流型降雪出现次数最多，占 34.3%，西风槽降雪次之，占 27.3%，横槽降雪占 20.8%，回流性降雪占 10.2%，气旋类降雪次数最少，仅占 5.1%，其他类型降雪占 2.3%（此类降雪局地性为主）。冷流、西风槽、横槽三类降雪出现的频次占总降雪次数的 82.4%。

各类降雪均有明显区域性特点：横槽型及冷流型降雪呈现明显北多南少的分布，特别是冷流型降雪，不算全区性降雪，北部出现降雪的次数是南部出现降雪次数的 7 倍；而西风槽类全区出现降雪的次数较多，南部出现的次数稍多于北部出现的次数；气旋、回流降雪尽管出现次数较少，但大多为全区性降雪。

气旋类降雪所造成的降水量最大，平均为 8.05 mm，回流降雪平均为 3.88 mm，冷流降雪最小，仅为 0.29 mm。尽管气旋和回流型降雪次数较少，但造成中到大雪以上量级概率最大，且多为全区范围的降雪，而冷流型降雪虽然出现的次数最多，但平均降水量最小，且有着很强的区域性。

气旋降雪出现雨夹雪的概率最大，全市平均为 29.0%，回流型降雪次之，达 28.9%，冷流型降雪尽管降雪次数最多，但出现雨夹雪的概率最小，平均为 7.8%。而同一类型的降雪，由于地理位置的不同，降雪性质也有着明显差异，有显著区域特征。例如：气旋、西风槽降雪过程中雨夹雪出现的概率存在着明显的南大北小特征，以气旋降雪为例，青岛（市区）、崂山雨夹雪出现的概率为 44.4%，也就是说有将近一半的此类过程会出现雨夹雪或雨转雪，这就大大削弱了此类降雪的积雪厚度，而平度和莱西出现雨夹雪的概率仅分别为 11.1% 和 14.3%，也就是说，在气旋降雪过程中，平度、莱西出现纯雪的概率高达 85% 以上，而此类降雪平度、莱西的降雪量平均 5 mm 左右。对于气旋降雪，北部地区 85% 以上可能会达到大雪量级。此外，冷流降雪出现雨夹雪的概率则存在着北大南小分布特征，这大概与平度、莱西北部毗邻渤海有关。

4.3 降雪的预报着眼点

4.3.1 回流降雪

典型的回流形势环流特征为下东北、上西南，即 700 hPa 以上为西南气流，925 hPa 以下为东北气流，850 hPa 为转向层，有时为东北风，有时为东南风。850 hPa 以下为冷温度槽。暖切形势在 700 hPa 暖切变线过境后转化为西风槽，会落在 500 hPa 西风槽之后。回流降雪其实就是南、北两支锋区的对峙关系，当两支锋区都向北时，对青岛市降雪更为有利，反之不利，但当两支锋区在青岛市附近交汇时，则会出现局地降雪。典型的回流形式一般都是后倾槽。回流降雪指标如下。

（1）850 hPa 以下层的低温以及冷空气的参与对于回流降雪必不可少，降雪开始时通常 850 hPa 温度在 −5 ℃ 及以下，925 hPa 温度达到 −4 ℃ 以下，如果开始没有达到这个温度，那么过程结束后 850 hPa 温度 −5 ℃ 和 925 hPa 温度达到 −4 ℃ 以下有指示意义，850 hPa 为北风时，要求这个气温更低一些，850 hPa 为南风时，这个气温可以稍高一些。

（2）500 hPa 以下层温度露点差整层在 3 ℃ 以下，至少 700 hPa 以下整层在 3 ℃ 以下，特别是 700 hPa 不要超过 3 ℃，这与它是主要的水汽输送层有关，同样层次的相对湿度大于 80%。

（3）凡是 500 hPa 温度露点差 >10 ℃和相对湿度 <50%，则不论 700 hPa 及以下层是否已经接近饱和，回流降雪量级就很小。

（4）凡是 500 hPa 比湿 <1 g/kg，700 hPa 以下层在 2 g/kg 左右，则回流降雪极有可能全市平均为小雪量级的降雪；而 500 hPa 比湿 >1 g/kg，700 hPa 以下层在 2.5 g/kg 以上，降雪很可能 >2.5 mm；而 500 hPa 比湿 >1 g/kg，700 ~ 1000 hPa 层比湿在 3 ~ 4 g/kg 以上，则很可能对应一次中等强度以上量级的雨夹雪或大到暴雪过程。比湿对于降雪量级具有指示意义，但对于有无降雪指导意义不是很大。

（5）当 500 ~ 925 hPa（1000 hPa、地面表示不明显）有任意两层湿度达到温度露点差 >10 ℃和相对湿度 <50%，降水结束，而 700 hPa 只有一层湿度变干，降雪结束。另一种标志着降雪结束的指标是整层转北风，伴有低温或强降温，如果整层仍然很湿，也还可能有 0.1 mm 以上的阵雪（冷流）。

（6）关注青岛与上游西南地区的风速辐合。

（7）分析 700 hPa 南北锋区的位置，南北支锋区均偏北，中支有小波动有利于回流降雪。

（8）暖切变线回流降雪基本为中到大雪，当 500 hPa 露点温度差 >10 ℃，降雪量较小。

4.3.2 气旋降雪

气旋降雪指标如下。

（1）气旋降雪主要的水汽来自 700 hPa 以下层的水汽输送和辐合，500 hPa 的湿度对于降雪的有无关系不大，但依然对降雪量级的大小产生影响，这可能与水汽输送层厚度和上升运动有关，而当降雪结束时，925 hPa 以上层至少有两层温度露点差上升至 10 ℃以上，相对湿度降至 50% 以下，这其中 85.7% 的降雪过程结束首先来自 500 hPa、700 hPa 层的湿度的减小。

（2）比湿对中等量级及以下的降雪有指示意义，其 700 hPa 以下层比湿平均在 3 ~ 5 g/kg，而以上量级的降雪则在 6 ~ 8 g/kg，降雪结束时平均降至 1 ~ 2 g/kg，而量级较大的降雪过程，500 hPa 的比湿大概率升至 1 g/kg 以上。

（3）江淮气旋中，平度在 700 hPa 以上层为西南（SW）风和 850 hPa ~ 925 hPa 为东南（SE）风及地面东东北（ENE）风中开始降雪，青岛市区为回流降雪形势时出现降雪，降雪区均在气旋路径左侧，平度、莱西等北部地区大多比青岛市区及沿海一带提前 6 h 以上开始降雪，因此降雪量大，常常出现中到大雪量级以上的降雪，特别应该引起关注。

（4）黄河气旋路径的不同，降雪落区分布及雨雪相态转换的时间节点差别比较大，在青岛北部东移的黄河气旋以降雪为主，降雪区在其前方路径的两侧，而从西北南下转道射阳入海的气旋则有着江淮气旋的特点。

（5）黄淮气旋是最为偏北的南方气旋，西南急流最强，青岛全市基本以雨为主，全市均在其后部整层北风中出现降雪，伴随着强降温，符合冷流降雪的特点。

（6）尽管气旋影响很大，但目前数值预报对气旋预报路径和降雪量的预报比较成熟准确，对于气旋的冬季预报主要关注相态的预报，其相态判别的指标通用。

4.3.3 冷流降雪

4.3.3.1 青岛全区型冷流类降雪（图4.1）

82.4%的降雪日发生在850 hPa青岛站风向为320°~340°风向区间中，平均风速16.6 m/s，88.2%的降雪日发生在850 hPa青岛站风速为14 m/s以上，850 hPa青岛站的风速至少12 m/s以上；925 hPa青岛站平均风向343°，风向比850 hPa向北顺转16°左右，青岛站平均风速为12.9 m/s，82.4%的降雪日发生在925 hPa青岛站风速为8~16 m/s区间，925 hPa青岛站的风速至少8 m/s以上；而在地面，成山头至潍坊气压梯度平均为6.5 hPa，全区类降雪84.2%出现在地面成山头至潍坊气压梯度>5 hPa的天气形势下，由山东地形图可以看到，这个风向的偏北风最有利于把莱州湾的水汽顺着胶莱河走廊地带向南输送。

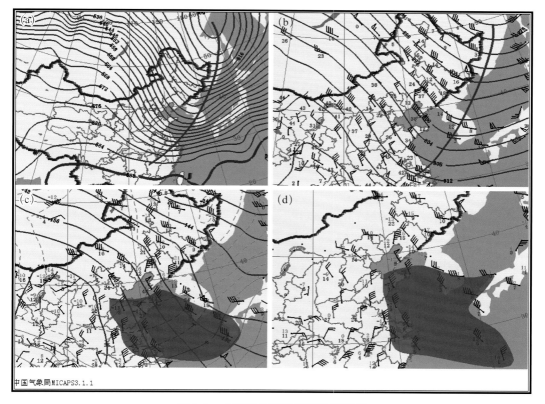

图4.1 全区型冷流降雪形势场配置

（a）500 hPa；（b）700 hPa；（c）850 hPa；（d）925 hPa；阴影为湿区

青岛全区型冷流类降雪样本中，88.2%的降雪日发生在850 hPa青岛站最低气温在−17~−10 ℃区间中，64.7%出现在−17~−14 ℃，23.5%出现在−13~−10 ℃，只有11.8%出

现在 −9 ~ −8 ℃；而82.3%的降雪日发生在925 hPa青岛站最低气温 −15 ~ −7 ℃区间中，58.8%出现在 −15 ~ −10 ℃，23.5%出现在 −9 ~ −7 ℃，17.7%出现在 −6 ~ −3 ℃。在地面上，青岛全区型冷流类降雪日有30%发生在青岛站地面最高气温 >2 ℃区间中，35%出现在 0 ~ 2 ℃，还有35%出现在 <0 ℃区间中。因此，分析地面最高气温指示意义并不大。而从最低气温看，青岛全区型冷流类降雪日中青岛站最低气温的极大值为1.8 ℃，极小值为 −8.5 ℃，平均最低气温 −3.6 ℃，有15%的降雪日发生在青岛站地面最低气温 >0 ℃区间中、20%出现在 −3 ~ 0 ℃的区间中，还有65%出现在 −9 ~ −4 ℃。低温是全区型冷流类降雪的有利条件。

在青岛全区型冷流类降雪样本中，94.1%的降雪日发生在850 hPa青岛站日温度露点差1 ~ 6 ℃区间中，70.6%出现在 1 ~ 4 ℃，23.5%出现在 4 ~ 6 ℃，只有5.9%出现在 6 ℃以上；100%的降雪日发生在925 hPa青岛站温度露点差1 ~ 6 ℃区间中，70.6%出现在 1 ~ 4 ℃，29.4%出现在 4 ~ 6 ℃。由上可见，冷空气要有一定的强度，露点温度差在4 ℃以下，具有一定的湿层厚度。

从高空形势看，700 hPa以上层均有高空槽过境，因此在渤海湾有气旋型弯曲。850 hPa及925 hPa则有两种流场，一种在山东半岛有气旋型弯曲，一种没有，无论哪一种，青岛风向均为西北（NW）风，风向330°附近，925 hPa有小幅的右旋（10°左右），850 hPa青岛的风速大于14 m/s的概率达到88.2%，有利于冷流降雪南下，而且高空风大，减弱了半岛丘陵地带（海拔高度 700 ~ 1000 m）对于降雪及水汽的阻挡，而925 hPa青岛的风速大于14 m/s的概率达到62.9%，平均风速明显小于850 hPa，则减弱了雪花在南下沉降的过程中快速蒸发。而从地面形势场看，地面也大致分为三种类型（图4.2）：①山东半岛有气旋型弯曲（气旋后部是一种变形）；②北西北（NNW）流场；③北东北（NNE）流场无论哪种形式都有利于水汽顺着莱州湾走廊南下影响青岛。

4.3.3.2 北部类型的冷流降雪

850 hPa的风向多数集中在320° ~ 340°区间中或略偏西，而925 hPa的风向有16°左右的顺时针向北偏转。而从850 hPa青岛站的风速来看，最大风速19 m/s，最小7 m/s，平均风速14.1 m/s，其中风速 ≥16 m/s仅占到23.1%，风速在14 ~ 16 m/s占到30.8%，而有46.1%的北部类型冷流降雪日出现在风速 <14 m/s，风速明显偏小于全区类型冷流降雪，北部类型的冷流降雪并不需要太大的高空风。

在北部类型的冷流降雪日中，青岛站925 hPa的平均风速（13.4 m/s）大于全区类（12.9 m/s），并接近850 hPa的平均风速（14.1 m/s）；而对于成山头站，925 hPa的平均风速（13.0 m/s）几乎与全区类（12.9 m/s）相同，并小于850 hPa的平均风速（14.1 m/s）。由此可见，在北部类型的冷流降雪日中青岛站所代表的南部区域低空风变大、高空风变小，不利于冷流降雪长距离向南传播。而在地面上，成山头至潍坊气压梯度平均为5.6 hPa，最大气压梯度9.6 hPa，最小3.5 hPa，其中21.4%在 5 ~ 7 hPa，>7 hPa占到28.6%，<5 hPa仅占到50.0%，地面成山头至潍坊气压梯度明显小于全区类型的气压梯度。

青岛北部类型冷流类降雪样本中，92.3%的降雪日发生在850 hPa青岛站最低气温在

-10 ℃以下；84.5%的降雪日发生在925 hPa青岛站最低气温在-6 ℃以下。

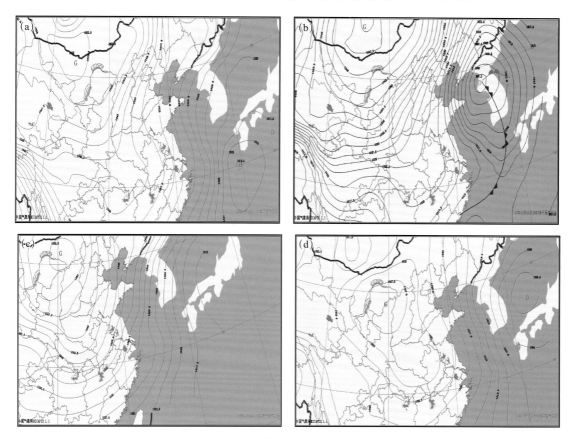

图4.2　全区型冷流降雪地面形势场配置

（a）气旋性弯曲型Ⅰ型——常规型；（b）气旋性弯曲型Ⅱ型——气旋后部型；（c）东北流场型；（d）西北流场型

在地面上，青岛北部类型冷流类降雪样本日中有28.6%的降雪发生在青岛站地面最高气温>3 ℃区间，35.7%出现在0~3 ℃，还有35.7%出现在<0 ℃区间，因此，分析地面最高气温指示意义并不大。而从最低气温看，21.4%的降雪日发生在青岛站地面最低气温>0 ℃区间，7.1%出现在-3~0 ℃区间，还有71.5%出现在<-3 ℃的情况下。在地面上，北部类型冷流类降雪日中有21.4%的降雪发生在成山头站地面最高气温>3 ℃区间，28.5%出现在0~3 ℃区间，有50.1%出现在<0 ℃区间，因此，78.7%降雪日出现在成山头最高气温3 ℃以下。而从最低气温看，北部类型冷流类降雪日中有14.3%发生在成山头站地面最低气温>0 ℃区间，7.1%出现在-3~0 ℃区间，还有78.6%出现在<-3 ℃的情况下。整体来看，无论最高还是最低，北部类型冷流降雪日比全区类型偏低。

在青岛地区北部类型冷流降雪样本中（图4.3），850 hPa青岛站温度露点差有38.4%出现在1~4 ℃，有23.1%出现在4~6 ℃，只有38.5%出现在6 ℃以上；而在925 hPa青岛站温度露点差有61.5%出现在1~4 ℃，有7.7%出现在4~6 ℃，有30.8%出现在6 ℃以上。而在成山头站，850 hPa温度露点差有92.3%出现在1~6 ℃，69.2%出现在1~4 ℃，

23.1% 出现在 4~6 ℃，只有 7.7% 出现在 6 ℃ 以上；而在 925 hPa 成山头站温度露点差 100% 北部降雪样本日出现在 1~6 ℃，53.9% 出现在 1~4 ℃，46.1% 出现在 4~6 ℃。由此可见北部类型的冷流降雪日高空到地面的气温低、湿度小，更为干冷。

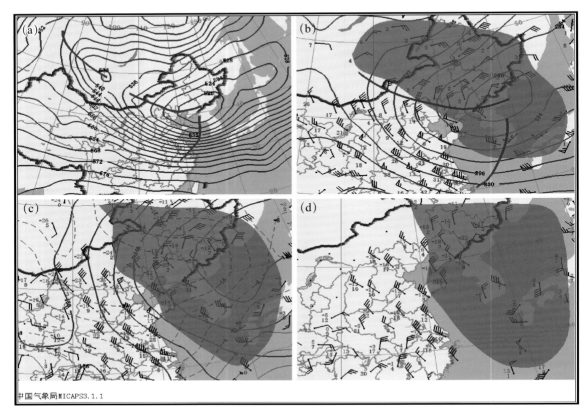

图 4.3　北部型冷流降雪高空形势场的配置
（a）500 hPa；（b）700 hPa；（c）850 hPa；（d）925 hPa；阴影为湿区

　　北部型在高空与地面形势上并没有明显的不同，仅是各要素指标的不同造成降水区域的差异，这其中最关键的影响还是湿区分布。

4.3.4　横槽型降雪

（1）横槽回流型具有回流降雪的一切特征（图 4.4）。

（2）横槽西风槽类（图 4.5、图 4.6）。包括两种形式，中高空均为西风槽，区别在 850 hPa 以下层，一种中低空也为西风槽，一种低层为切变线或倒槽。

（3）横槽西北气流型（图 4.7）。高空 500 hPa 有横槽或下滑槽下摆，700 hPa 以下层主导风向为西北气流，但配合有很弱的气旋型弯曲，在弯曲处有一层或多层露点温度差小于 5 ℃ 的湿区下移影响青岛并配合强风区，前期青岛探空图显示有垂直风切变，下滑槽过境时 850 hPa 以下层风速陡然增大了 8 m/s 以上。

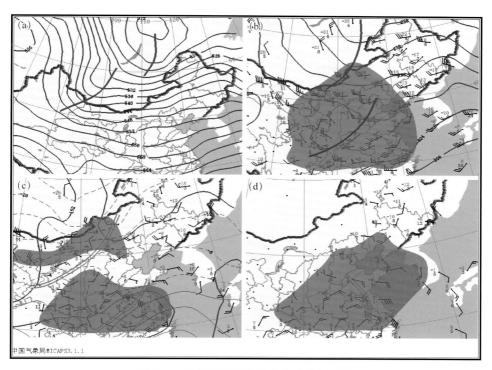

图 4.4 横槽回流型降雪高空形势场配置

（a） 500 hPa；（b） 700 hPa；（c） 850 hPa；（d） 925 hPa；阴影为湿区

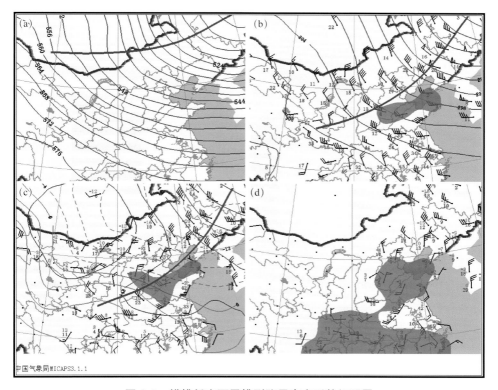

图 4.5 横槽低空西风槽型降雪高空形势场配置

（a） 500 hPa；（b） 700 hPa；（c） 850 hPa；（d） 925 hPa；阴影为湿区

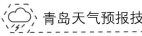

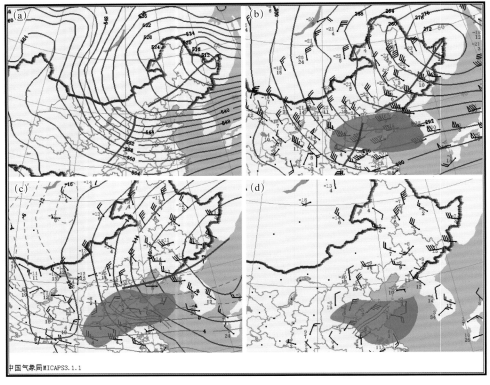

图 4.6　横槽低空切变型降雪高空形势场配置

（a）500 hPa；（b）700 hPa；（c）850 hPa；（d）925 hPa；阴影为湿区

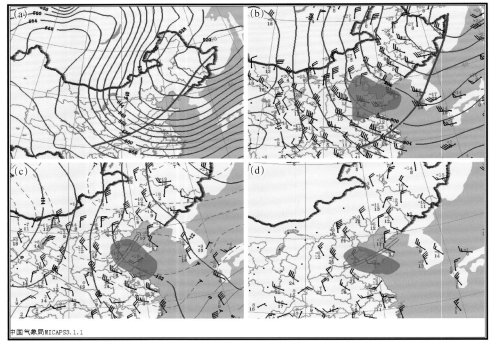

图 4.7　横槽整层西北气流型降雪高空形势场配置

（a）500 hPa；（b）700 hPa；（c）850 hPa；（d）925 hPa；阴影为湿区

在下滑槽或横槽过境时 500 hPa 以下层湿度有干-湿-干的过程，同时可以看到 850 hPa 青岛站的风速由 4 m/s 陡然增加到 20 m/s，增幅达到了 16 m/s。地面倒槽型多出现在横槽西风槽型降雪中，地面高压前部东北风流场型多出现在横槽回流型降雪中，地面均压场或弱低压型则多出现在横槽西北气流型降雪中。

4.4　青岛冬半年降水相态判别方法

基于 2006—2015 年地面观测资料，将冬半年（11 月至次年 3 月）的降水日进行统计分类。经统计，降雨日为 326 d、纯雪日为 116 d、有雨雪转换发生的日数为 39 d。探空资料选取青岛站 L 波段探空雷达每日 08 时和 20 时（北京时）的探空资料，垂直分辨率为 50 m。

在 850 hPa 高度层，降雪个例的温度都在 0 ℃以下，降雨个例的温度都在 −8 ℃以上，两者的重合区间约 8 ℃，而雨夹雪个例的温度在 −7 ~ −1 ℃，与降雪的温度范围重合。也就是说，850 hPa 高度层对三种相态的区分并不理想。在 925 hPa 高度层，降雪个例的温度大多在 0.5 ℃以下，降雨个例的温度都在 −3.5 ℃以上，两者的重合区间温差约 4 ℃，而雨夹雪个例的温度刚好在 −3.5 ~ 0 ℃，还是存在一定的重合区间，但比 850 hPa 已经缩小近一半。在 1000 hPa 高度层，降雨个例的温度大多在 2 ℃以上，降雪个例温度都在 2.2 ℃以下，两者的重合区间已缩小至 0.2 ℃的范围。雨夹雪的温度分布在 0.8 ~ 3.0 ℃。在底层温度上，以 2 ℃为界，基本上很好地区分了降雪和降雨两种相态。雨夹雪个例则基本分布在 1 ~ 3 ℃的区间内。综合三层的分析（图 4.8）可以看出，高度层越低，温度要素越能更好地区分三种降水相态。

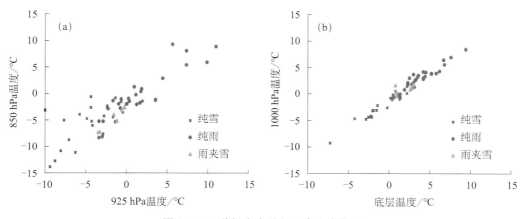

图 4.8　三种相态在特征层高度点聚图
（a）850 hPa 和 925 hPa；（b）1000 hPa 和底层

降水相态的转换多发生在高空 0 ℃高度层附近，因此 0 ℃层的高低对于地面附近的降水相态有着直接的影响。从探空资料分析可以看出（图 4.9），降雨的 0 ℃层高度都在 250 m 以上，降雪的 0 ℃层高度在 400 m 以下，而雨夹雪的 0 ℃层高度则位于 100 ~ 500 m。0 ℃层太高，虽然高层以降雪为主，但下落到地面的过程中随着气温的升高会发生融化形成降雨。0 ℃层高度较低时，地面温度一般也相应较低。即使地面气温仍在降雨阈值内，由于 0 ℃高度太接近地面，下落过程中由雪到雨的相态转换也会来不及发生。冬半年 1000 hPa 的高度约为 200 m，恰好位于 100～500 m 的关键高度层内，应对于降水相态有很好的指示意义。

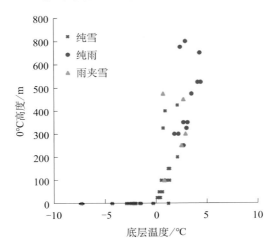

图 4.9　三种相态 0 ℃层高度和底层温度点聚图

通过绘制不同降水相态各层温度的箱线图，选取概率区间在 90% 的区间进行分析（图 4.10）。在 850 hPa 高度层上，当温度高于 -2.7 ℃时，以降雨为主；当温度低于 -0.8 ℃ 时，以降雪和雨夹雪为主。 -2.7～-0.8 ℃之间重合部分无法区分降雨和降雪，而雨夹雪的阈值完全位于降雪阈值内，因此无法区分降雪和雨夹雪。在 925 hPa 高度层上，0.5 ℃层

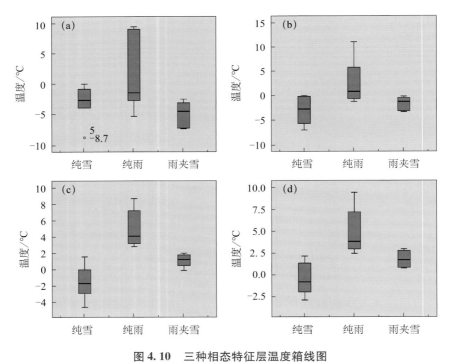

图 4.10　三种相态特征层温度箱线图

（a）850 hPa；（b）925 hPa；（c）1000 hPa；（d）地面

可以较好地区分降雨与降雪，作为雨雪的分界线。但是雨夹雪的阈值依然位于降雪的阈值内部，使得降雪和雨夹雪无法区分。在 1000 hPa 高度层，降雨的温度都高于 3.1 ℃，降雪的温度都低于 0 ℃，而雨夹雪的温度分布主要位于 0.5～1.8 ℃，三种相态温度分布互不重合。在底层近地面层，降雨的温度位于 2.9 ℃ 以上，降雪的温度位于 1.4 ℃ 以下，雨夹雪的温度位于两者之间，与降雪的温度范围略有重合。通过统计结果我们还发现，降雨时 1000 hPa 的温度阈值出现了高于地面温度阈值的情况，这与冬半年降水天气发生时近地面层常存在逆温层有关。从探空资料也表明，很多个例都出现了逆温层。

由此得到适合于青岛的冬半年降水相态判别标准（表 4.2）。根据前文高低层温度指示性优劣的分析，若高低层判别出现冲突时应尽量按低层标准为主。将判别指标代入降水个例进行检验，准确率达到 86%，其中雨夹雪个例的判别准确率达到 90%，降雨和降雪的误判多为判断为雨夹雪的情况。

表 4.2　青岛冬半年降水相态判别指标

	降雨	降雪	雨夹雪
地面	>2.9 ℃	<1.4 ℃	1.4～2.9 ℃
1000 hPa	>3.1 ℃	<0.0 ℃	0.5～1.8 ℃
925 hPa	>−0.5 ℃	<−0.5 ℃	难以区分
850 hPa	>−0.8 ℃	<−2.7 ℃	难以区分

海雾是指在海上生成的雾，即海上低层大气层中悬浮的大量水滴和冰晶凝结，使大气水平能见度降至 1 km 以下的天气现象。海雾在海上形成后，会向风的下风方扩展，因此海雾可以登陆影响沿海地区，甚至深入内陆。海雾不仅影响海上作业、海上军事活动，对海上以及沿海地区的交通安全也有严重的影响，是海上及沿海地区灾害性天气之一。黄海是我国海雾发生较多的海区，以平流冷却雾为主，即暖空气流经冷海面时发生凝结产生的雾。从鲁东南到半岛东部成山头雾日数逐渐增多，其中青岛附近年平均雾日可达 50 d 以上，是青岛地区常见的灾害性天气之一。

5.1 海雾监测

5.1.1 海雾的岸基、海基、空基监测

能见度要素观测一般使用依据前向散射原理制成的散射能见度仪。青岛市气象局目前共有各类多要素自动气象观测站 184 个、海上浮标站 2 个，其中，含有能见度观测要素的站点共有 50 个，主要以岸基和海基观测为主。能见度站分布在青岛市辖区的跨海大桥、环胶州湾高速、沿海一线以及海岛的自动观测站上。具体能见度观测站分布如图 5.1、表 5.1 所示。

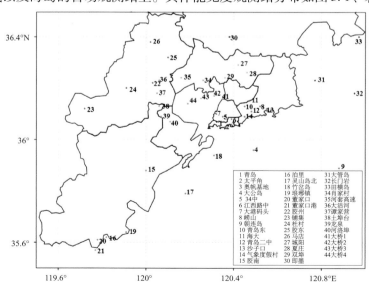

图 5.1　青岛市气象局能见度观测站点分布

表5.1 青岛市能见度观测站分布

区 域	观测站点
环湾＋跨海大桥	肖家村、河套高速、大沽河、谭家营、土埠台、龙泉、河洛埠、大桥1、大桥2、大桥3、大桥4
市区	青岛站（伏龙山）、太平角、奥帆基地、大公岛、34中、江西路中、大港码头
崂山	崂山站（于哥庄）、潮连岛、青岛东、海大、青岛二中、沙子口、气象度假村
黄岛	胶南站（海军公园）、泊里、董家口港、灵山岛北、竹岔岛、琅琊镇、董家口、董家口港浮标
胶州	胶州站（大户村）、铺集、杜村、胶东、马店
城阳	城阳站（世纪公园）、夏庄、双埠
即墨	即墨站（马山）、大管岛、长门岩、长门岩浮标、田横岛
平度	平度站（围山河公园）
莱西	莱西站（扬州路）、人民广场

青岛市气象局于2015年建设了高分辨率极轨卫星遥感监测系统，系统前端接收设备安装在青岛市气象局罗家营海洋探测基地，后端数据处理设备安装在青岛市气象台，两地之间用专用光纤连接和数据传输。该系统通过天线跟踪接收L频段接收信道和X频段接收信道的卫星数据，目前，可实时接收FY-3B、FY-3C、NOAA18、NOAA19、TERRA、AQUA共六颗卫星的实时数据，各卫星资料过境青岛时间见表5.2。一般每天接收到每颗卫星发送的两次数据，白天、晚上各一次，即每天十二轨左右。其中FY-3B/VIRR、FY-3C/VIRR、NOAA18/AVHRR、NOAA19/AVHRR、TERRA/MODIS和AQUA/MODIS数据可用于制作大雾监测产品，监测产品可在青岛市气象为农服务平台遥感监测模块查看。

表5.2 卫星过境青岛大致时间

星标	大致过境时间	仪器
FY-3B	04：00，15：00	VIRR
		MERSI
FY-3C	09：30，21：00	VIRR
NOAA18	08：00，20：00	AVHRR
NOAA19	05：00，16：30	AVHRR
TERRA	11：00，22：00	MODIS
AQUA	02：00，13：00	MODIS

虽然极轨卫星轨道低，卫星图像分辨率高，但覆盖范围较小，一颗卫星对于某个地区一般每天只能提供两个时次的产品；静止卫星提供的监测产品分辨率低，但覆盖范围大，时间分辨率高，间隔一般为1 h，甚至30 min、15 min。因此，使用静止卫星监测雾更能反映大雾的发生和演变过程。随着Himawari-8和FY-4A等新一代静止卫星的发射和应用，主要采用了静止卫星开展大雾监测技术研究和业务系统开发。使用的资料主要包括FY-2F、MT-SAT-1R和Himawari-8。

MTSAT 是业务极轨气象卫星 GMS-5 的替代者，与 GMS-5 相比，它除了具有更高的分辨率外，还搭载了近红外通道，这个短波通道对于夜间识别雾、区分水云和冰云、探测火山和估算海面气温是很有帮助的。但是，这个通道本身不能识别大雾，需要同其他红外通道结合起来才能发挥作用。MTSAT-1R 拥有五个通道：通道 IR1、IR2 为长波通道，其中，通道 IR1 常常用来制作红外云图，通道 IR3 为水汽通道，通道 IR4 为短波通道（这是 GMS-5 所没有的），通道 IR5 为可见光通道。除可见光通道分辨率达到 1 km 外，其他通道分辨率均为 4 km，这样的分辨率完全可满足探测大雾分布的需要，因为黄渤海大雾常常覆盖几百千米的范围。

MTSAT 卫星遥感资料来源于日本 Kochi 大学（http://weather. is. kochi-u. ac. jp/sat/GAME/）。MTSAT 卫星有长波红外、中红外、可见光、水汽等多个通道。对于夜间大雾/低层云的监测，主要使用 IR1 和 IR4 两个红外通道，其空间分辨率为 $0.05°$，时间间隔为 1 h，MTSAT 卫星的观测范围为 $20.15°S—69.85°N$，$70°E—160°E$。

Himawari-8 是新一代静止气象卫星，日本气象厅自 2015 年 7 月开始将其投入业务运行。该卫星装载了先进的静止轨道成像仪（Advanced Himawari Imager，AHI），可见光通道空间分辨率为 $0.5 \sim 1.0$ km，红外通道空间分辨率为 2.0 km，非常适用于对雾的监测。

5.1.2　海雾遥感反演产品及适用性分析

5.1.2.1　静止卫星反演大雾产品的适用性分析

基于青岛地区自动气象站能见度观测结果，选取逐日卫星数据进行反演，将反演是否有雾结果与能见度观测站是否有雾进行对比，得出平均、不同季节命中率（HR）及准确率（PC）。

图 5.2 中可见，HR 全年平均命中率都在 0.7 以上，且内陆平度市、莱西市及环胶州湾区域命中率基本都在 0.9 以上；可见卫星判断有雾和无雾的准确率较高。分季节来看，春季和秋季分布较为一致，夏季沿海地区和冬季的胶州、即墨较其他区域偏低。

分时段来看，将 20 时至翌日 05 时每隔 3 h 青岛地区 35 站卫星反演大雾命中率（HR）进行逐月平均，结果如图 5.3 所示。20 时 HR 较其他时间高，05 时最低。究其原因是因为 05 时会受到太阳的影响，夏季太阳高度角较大，05 时的卫星反演受到明显的影响。

中高云对大雾反演的影响还是比较明显的。根据美国气象学会的解释，层云和雾的不同在于层云不接地，而雾底接地，物理性质并无很大区别，相互之间还存在转化可能。利用地面能见度的观测，两者很容易分开，但是迄今为止，对于卫星的被动传感器则十分困难，尤其在云雾相互转化的过程中：①同一雾团同时覆盖在海上和城市上空时，由于热岛效应，低层温度升高，覆盖城市区域的底层雾消散，从而导致在城市中为层云而海上为雾的情况；②层云下降成雾的过程导致层云和雾并存。

卫星反演大雾经常会受到层云（尤其是低云）的干扰，所以卫星反演的结果经常是大雾和低云混合的结果，而低云和大雾对人类生产生活造成的影响不尽相同，所以静止卫星双通道法的反演结果仍需要业务人员进行自动判别低云/大雾。中高云存在的情况下，静止卫星和极轨卫星难以判别大雾。

地形对大雾的观测判别也会产生影响，如果是辐射雾，地面上观测已经有雾，对地形较

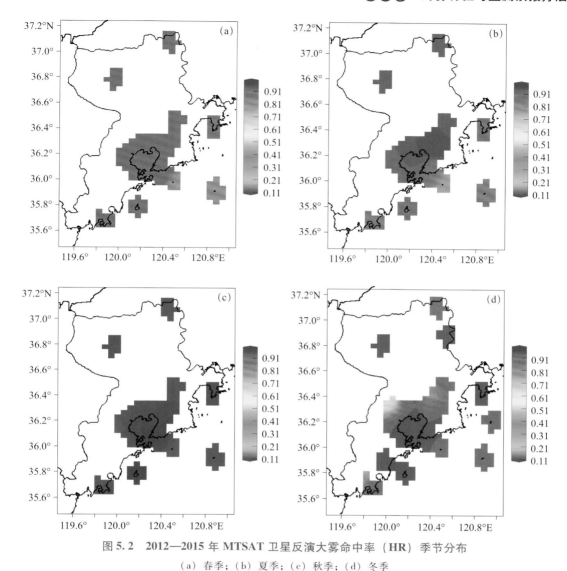

图 5.2　2012—2015 年 MTSAT 卫星反演大雾命中率（HR）季节分布
（a）春季；（b）夏季；（c）秋季；（d）冬季

高的位置可能能见度还未降至 1 km；如果平流雾入侵，会出现沿海站或首先接触平流雾的海拔较低的站已经出现大雾，但观测站（如青岛站海拔高度 70 m）可能能见度还未降至 1 km 的情况；如果是低云下降接地为雾，高海拔/地形区域（如青岛站）可能出现大雾而沿海站能见度还未降至 1 km。

5.1.2.2　FY 卫星监测适用性分析

FY-4A 静止气象卫星搭载的辐射成像仪（Advanced Geosynchronous Radiation Imager, AGRI）有 14 个通道，包含 3 个可见/近红外波段、3 个短红外波段、2 个中红外波段、2 个水汽波段和 4 个长红外波段。全圆盘观测时效 15 min，中国区域观测 5 min。全天进行 40 次全圆盘观测、165 次中国区域观测，最高空间分辨率为 500 m（陆风 等，2017）。本节所使用的 2019—2020 年的 FY-4A 卫星数据（表 5.3）由风云卫星遥感数据服务网下载（https://satellite.nsmc.org.cn/portalsite/default.aspx）。

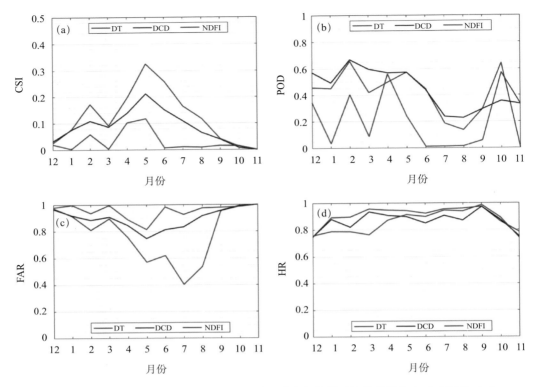

图 5.3　基于 FY-4A 静止气象卫星数据的三种夜间海雾反演算法的鉴定成功评分（a）、判识率（b）、误判率（c）及准确率（d）的月平均值变化曲线（黄海中部）

表 5.3　FY-4A/AGRI 各通道及参数

通道号	通道	波长范围/μm	通道宽度/μm	空间分辨率/km	主要用途
1	可见光近红外	0.45 ~ 0.49	0.04	1.0	云、小粒子气溶胶，真彩色合成
2		0.55 ~ 0.75	0.20	0.5	云、植被，图像导航配准
3		0.75 ~ 0.90	0.15	1.0	云、植被，水面上空气溶胶
4	短波红外	1.36 ~ 1.39	0.03	2.0	卷云
5		1.58 ~ 1.64	0.06	2.0	低云/雪识别，云相态
6		2.10 ~ 2.35	0.25	2.0	卷云、气溶胶，粒子大小
7	中波红外	3.5 ~ 4.0	0.50	2.0	高反照目标，火点
8		3.5 ~ 4.0	0.50	4.0	低反照目标
9	水汽	5.8 ~ 6.7	0.90	4.0	高层水汽
10		6.9 ~ 7.3	0.40	4.0	中层水汽
11	长波红外	8.0 ~ 9.0	1.00	4.0	总水汽、云
12		10.3 ~ 11.3	0.80	4.0	云、地表温度等
13		11.5 ~ 12.5	1.00	4.0	云、总水汽量，地表温度
14		13.2 ~ 13.8	0.60	4.0	CO_2吸收带、云、水汽

夜间海雾识别的方法较多，常用的夜间海雾遥感反演算法主要有三种，分别为双通道差值法（Dual Channel Difference，DCD）、温度差值法（Difference of Surface Temperature and 10.4 μm Channel Brightness Temperature，DT）以及归一化大雾指数法（Normalized Difference Fog Index，NDFI）。

在夜间，采用中红外通道和长波红外通道相结合的方法（两通道的亮温差）可以实现对雾的识别。这是由于低云和雾通过卫星中红外通道的发射率在夜间要显著低于长波红外通道。双通道差值的计算是将卫星中红外波段（3.9 μm）和热红外波段（10.4 μm）做差，得到亮温差 $BTD_{3.9\sim10.4}$，即：

$$BTD_{3.9\sim10.4} = BT_{3.9} - BT_{10.4} \tag{5.1}$$

式中，$BT_{3.9}$，$BT_{10.4}$ 分别为 3.9 μm 和 10.4 μm 通道的亮温。

本工作采用双通道方法进行适用性分析，选取的阈值为经典阈值 [−5.5，−2.5]，亮温差在此范围内认为有雾发生，反之则认为是非雾天气。

使用地表温度和 10.7 μm 通道亮温的差值来推断云底较低的区域，其中包括雾。定义表面温度（观测资料中的地表温度或海表面温度 SST）和卫星 10.4 μm 通道亮温差为 dT：

$$dT = T_{sfc} - BT_{10.4} \tag{5.2}$$

式中，T_{sfc} 为表面温度，$BT_{10.4}$ 为卫星 10.4 μm 通道亮温。当双通道差值小于或等于 −2 且 dT 的绝对值小于 4 时，则认为此处有雾发生，反之则认为是非雾天气。

将中红外和热红外波段的归一化计算定义为归一化大雾指数（NDFI）：

$$NDFI = \frac{BT_{3.9} - BT_{10.4}}{BT_{3.9} + BT_{10.4}} \tag{5.3}$$

式中，$BT_{3.9}$、$BT_{10.4}$ 分别为卫星 3.9 μm 和 10.4 μm 通道的亮温。

采用夜间雾检测阈值 [−2，−0.18]，若 NDFI 在此阈值范围内，则认为有雾发生，反之则认为是非雾天气。

定义卫星判断有雾站点监测（观测）有雾 = A，卫星判断有雾站点监测（观测）无雾 = B，卫星判断无雾而站点监测（观测）有雾 = C，卫星判断无雾站点监测（观测）无雾 = D。一般情况下，常用的计算反演结果的方式有 HR（准确率，（A + D）/（A + B + C + D））、POD（判识率，A/（A + C））、FAR（误判率，B/（A + B））、CSI（鉴定成功评分，A/（A + B + C））。

黄海中部海区分析结果表明，鉴定成功评分平均值在黄海雾季 4—7 月较高，温度差值法和双通道差值法最高点出现在 5 月；判识率三种方法季节变化明显，归一化大雾指数法最低，6—9 月受中高云影响，判识率明显下降；误判率最低的为温度差值法，最低时段仍旧在黄海雾季；双通道差值法的准确率月平均值与归一化大雾指数法相近，温度差值法的准确率月平均值在全年均高于其他两种反演算法。三种反演算法对夜间海雾的反演能力差距较大，温度差值法和双通道法较好，表现最好的时段在黄海雾季 4—7 月。

将 FY-2G（2015 年 6—10 月）大雾反演结果与 MICAPS 能见度实况进行对比，得到结果如表 5.4 所示。由于 FY-2G 反演结果只有 23:00 至次日 09:00（UTC），为分析夜间大雾反演结果，我们采取 00:00（UTC）反演结果与地面观测进行对比。

表5.4　FY-2G 大雾反演结果与 MICAPS 站点能见度实况对比

日期	FY-2G 反演区域	实际雾区	反演效果	影响反演因素
2015-06-09	莱州湾西侧、渤海湾北侧、黄海西侧	黄海西北侧	渤海有差异，黄海西侧部分为轻雾未出大雾	渤海反演效果低，黄海西侧云识别为雾
2015-06-10	黄海西侧	黄海西北侧（胶州湾以南）	较为一致	
2015-06-11	黄海北侧	黄海北侧	较为一致	
2015-06-15	辽东湾西侧、烟台－威海	成山头	渤海有差异，烟台及威海南部未出大雾	渤海（辽东湾西侧无观测）、云识别为雾
2015-06-17	威海及其南部海域	成山头	较为一致	
2015-06-21	无	成山头	卫星漏掉雾区	雾层垂向较薄
2015-06-24	无	成山头	卫星漏掉雾区	中高云影响
2015-06-26	莱州湾西侧、辽东湾西侧、烟台北部	长岛（烟台北部县）	渤海有差异	云识别为雾
2015-06-29	无	唐山（渤海湾）	卫星漏掉雾区	陆地 FY 未识别大雾
2015-07-05	渤海湾北侧	无	卫星有雾站点无雾	云识别为雾
2015-07-10	无	成山头	卫星漏掉雾区	中高云影响
2015-07-11	成山头	成山头	较为一致	
2015-07-12	渤海湾西侧	天津及唐山沿海轻雾	因海上无观测不排除渤海湾西侧大雾可能性	
2015-07-16	无	烟台	卫星漏掉雾区	中高云影响
2015-07-20	无	成山头	卫星漏掉雾区	中高云影响
2015-07-21	黄海西北侧	无	卫星有雾站点无雾	云识别为雾
2015-07-25	渤海湾、莱州湾	天津及唐山沿海轻雾	因海上无观测不排除渤海湾大雾可能性	
2015-07-26	黄海西北侧	黄海西北侧	较为一致	
2015-07-27	黄海西北侧（未接陆地）	无（但青岛站为 2.8 km）	因海上无观测不排除海上大雾可能性	胶州湾西侧云识别为雾
2015-07-28	渤海湾、辽东湾南部、烟台威海北部	成山头	渤海有差异、烟台无大雾	云识别为雾
2015-07-29	渤海湾、辽东湾、烟台北部	唐山南部	辽东湾、烟台无大雾	云识别为雾
2015-08-01	莱州湾、威海东海域	成山头	莱州湾无大雾	云识别为雾
2015-08-03	无	天津沿海、成山头	卫星漏掉雾区	中高云影响

　　针对于渤海和黄海区域，黄海的反演结果要优于渤海；此外，卫星反演无大雾而站点有大雾的情况一般是受到中高云的影响；卫星反演有大雾而站点无大雾的情况大多是由于将层/低云辨识为大雾，一般来说，当黄海西北侧或北侧、渤海湾西侧、辽东湾、莱州湾反演为大雾时，邻近站点即便反演有误，大部分情况也会出现轻雾，所以在黄海西北侧和北侧的站

点，卫星遥感可以为短临预警提供一定的参考。

5.1.3 青岛海雾遥感反演产品

青岛市气象台静止卫星反演产品基于可实时更新的 Himawari-8 静止气象卫星，夜间采用更新本地阈值后的"双通道法"，日间采用动态阈值方法。产品自 2019 年底开始业务运行，在青岛市市县气象业务一体化平台中实时探测板块进行显示。

基于实时获取的 FY-4 静止气象卫星数据，自 2021 年 7 月 1 日起，业务中可以实时下载卫星数据，并采用日间动态阈值方法和夜间分区域更新阈值的反演算法来实现海雾雾区反演和监测。业务产品在青岛市市县气象业务一体化平台中实时探测板块进行显示。

5.2 海雾天气气候特征

5.2.1 海雾气候特征

基于 2014—2017 年 4—7 月青岛及近海雾日空间分布可见，海上雾日要多于沿海地区，靠近沿海地区雾日逐渐减少，朝连岛附近海域 40 d 左右，沿海地区 20～30 d，深入陆地雾日迅速减少（图 5.4）。

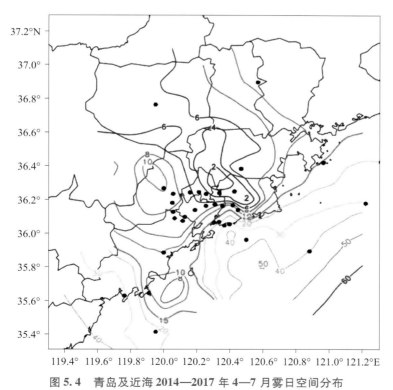

图 5.4 青岛及近海 2014—2017 年 4—7 月雾日空间分布

以青岛站（伏龙山）为例，每年春季、夏季海雾日数差异较大。如青岛 6—7 月海雾多年为 1987、1993、1996、2001、2006、2008 年，雾少年为 1982、1983、1992、1995、1997、2007 年。研究结果表明，长江口以东的东海海域（122°—130°E，28°—32°N）是影响青岛近海夏季海雾多寡的水汽来源关键区域（张苏平 等，2008；白慧 等，2010）。此外，春季海雾也存在明显的年际变化。以青岛 2006—2018 年逐年 4 月雾日统计结果来看，平均雾日为 5.4 d，最多年 2012 年 4 月雾日多达 10 d，而 2011 年仅 1 d，雾日存在显著的准两年变化。青岛多年平均逐月雾日分布表明，11 月至次年 3 月平均每月雾日 2 d 左右，4—7 月雾日逐渐增加，由 4 月平均雾日 6 d 增加到 7 月平均雾日 10 d，8 月雾日迅速减少，9—10 月雾日平均不足 1 d。

海雾虽然在一天中任何时候都可以产生或消散，但从青岛沿海海雾的统计结果来看，海雾生成时间存在两个峰值时段，即凌晨 03—06 时与傍晚 17—19 时；海雾消散时间主要在上午 08—11 时（图 5.5）。沿海海雾会受陆地的影响出现明显的日变化。主要是白天日出后地面增温，湍流加强导致登陆海雾消散或抬升为低云。

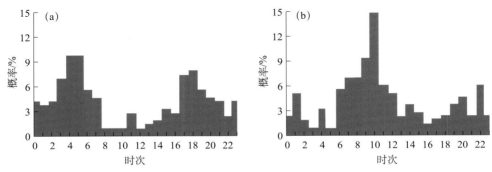

图 5.5　青岛站雾起止时间出现概率

（a）生成；（b）消散

出现在青岛的海雾有 60% 持续时间小于 6 h（图 5.6），40% 海雾事件持续时间 6 h 以上，其中持续 24 h 以上的海雾事件为 3.4%。海雾持续时间也存在显著的季节变化，3 月出现在青岛的海雾持续时间较短，多为 1～3 h；4、5 月海雾持续时间多为 4～6 h；6、7 月海雾持续时间分布较广，且持续时间较长，以 1～9 h、13～15 h 为主；8 月海雾持续时间以 1～3 h 为主；另外，持续 24 h 以上的海雾主要出现在 5—6 月，主要与这个季节大陆低压系统比较活跃有关，通常在南方生成的大陆低压在向北移动过程中逐渐加强形成华北气旋，或蒙古气旋，或东北气旋，这个过程中青岛可持续几天处于低压带前，长时间的偏南风为持续性海雾提供了有利条件。

根据海雾事件开始、结束时间，利用逐小时能见度观测资料，绘制了海雾开始前 6 h、开始以及海雾接近消散和消散后青岛站能见度箱图（图 5.7）。图中矩形中黑线为数据的中位值，黄色矩形上下限分别为数据的 75% 和 25% 取值，竖线上下限分别代表数据的 95% 和 5% 取值，其他为异常值。海雾发生前 3～6 h，50% 以上能见度值大于 5 km。海雾发生前 1 h，能见度主要为 2～4 km，海雾发生时以及海雾接近消散时，能见度值大多为 500 m 以下，表明海雾出现后能见度变化不大。海雾消散后，能见度很快增至 2 km 以上。统计结果表明，海雾出现后多为浓雾，能见度通常在 500 m 以下，在海雾消散之前能见度变化较小。

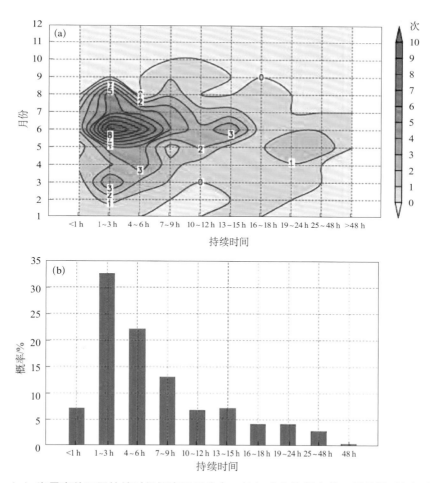

图 5.6　（a）海雾事件不同持续时间概率逐月分布；（b）全年海雾事件不同持续时间概率分布

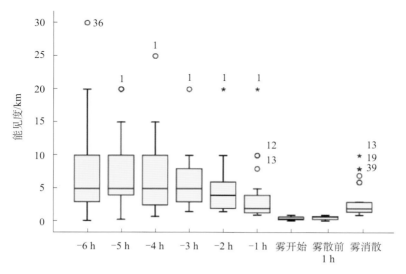

图 5.7　海雾开始前 **1~6 h**、开始及消散前 **1 h**、消散时能见度变化

（横坐标依次表示海雾开始前 6 h、前 5 h 直至海雾开始、海雾结束前 1 h、海雾结束时；星号、圆圈表示极值情况）

5.2.2 海雾天气学特征

青岛近海海雾形成时天气形势可分为四类，分别为海上高压后部型、低压倒槽前部型、均压场型和鞍形场型。其中海上高压后部型海雾（55%）约为低压倒槽型（30%）的2倍，均压场型、鞍形场型海雾分别占12%和2%。地面形势图见图5.8～图5.11。

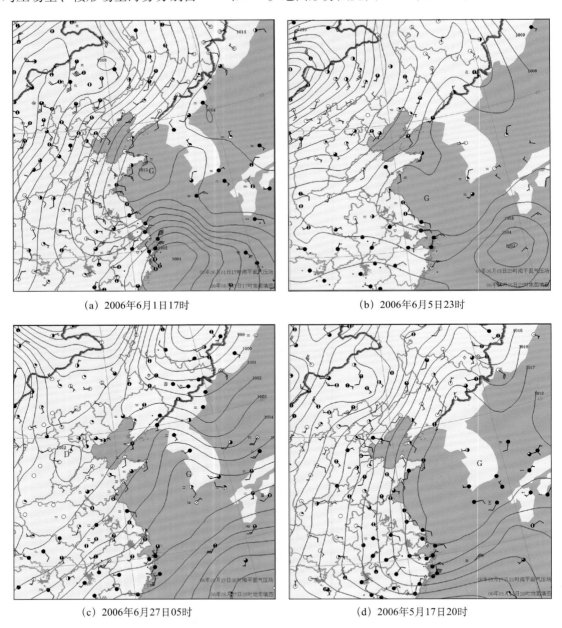

(a) 2006年6月1日17时   (b) 2006年6月5日23时

(c) 2006年6月27日05时   (d) 2006年5月17日20时

图5.8　海上高压后部型

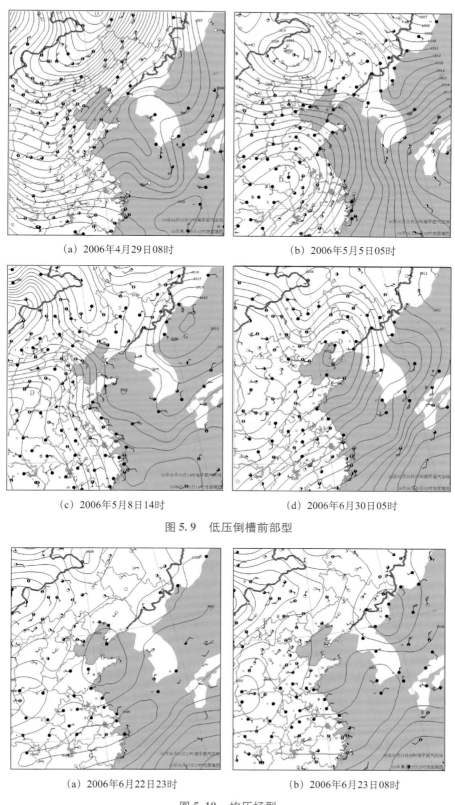

（a）2006年4月29日08时　　　　　　　（b）2006年5月5日05时

（c）2006年5月8日14时　　　　　　　（d）2006年6月30日05时

图5.9　低压倒槽前部型

（a）2006年6月22日23时　　　　　　　（b）2006年6月23日08时

图5.10　均压场型

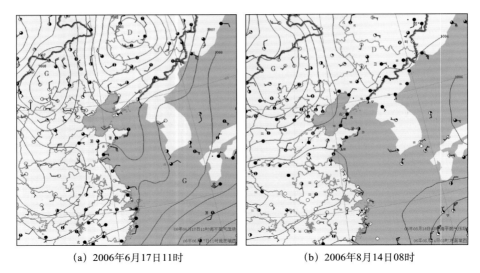

(a) 2006年6月17日11时　　　　　　　　　(b) 2006年8月14日08时

图5.11　鞍形场型

（1）湿层厚度特征

出现海雾时湿层厚度多在50～300 m。低压倒槽前部型海雾湿层厚度较厚，以50～300 m、500～1000 m居多；海上高压后部型海雾湿层厚度以50～500 m居多；均压场型海雾湿层厚度以0～300 m居多；鞍形场型海雾湿层厚度较薄，均在300 m以下（图5.12）。

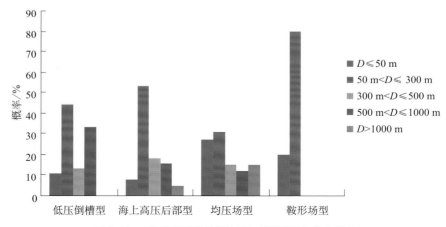

图5.12　不同地面形势下出雾时湿层厚度分布特征

（2）大气层结特征

统计分析发现，每次海雾事件开始前低层大气都存在不同程度的逆温现象。逆温指1 km以下大气层温度随高度增加的现象。温度拉普拉斯率即$\delta T/\delta H$，δH为逆温层的厚度，δT为逆温层中的温度差。分析表明，逆温现象中60%温度拉普拉斯率在10 ℃/km以下，40%以上温度拉普拉斯率在10 ℃/km以上（图5.13a）。逆温强度与海雾事件之间的联系还需要进一步分析。逆温层底40%左右位于200 m以下，25%位于200～400 m，400 m以上占35%左右（图5.13b）。逆温层厚度55%小于200 m，200～600 m厚度占45%左右，600 m厚度以上仅占5%左右（图5.13c）。青岛出现海雾时，低层大气逆温现象是普遍存在的，逆温强度多在 10 ℃/km 以下，逆温层底多位于 400 m 以下，逆温层的厚度多小于 600 m。

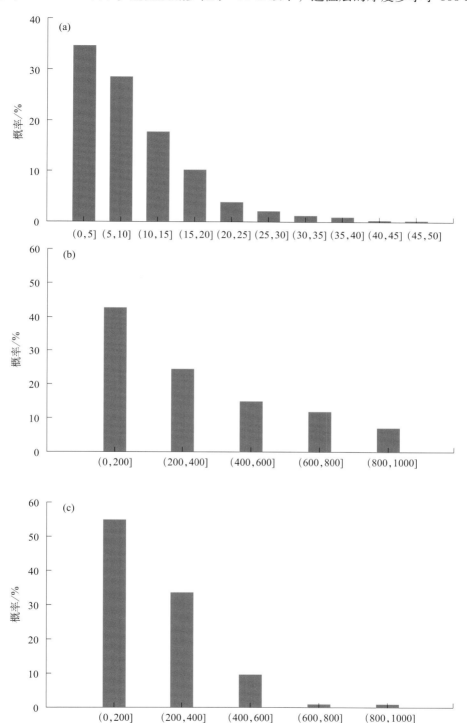

图 5.13 低层大气温度拉普拉斯率概率（a）、逆温层底高度概率（b）以及逆温层厚度概率（c）分布

（3）海雾初日南风持续时间特征

70% 左右南风持续时间小于 2 d，海雾即可出现。4—5 月转南风 1～3 d 内出现海雾概率

占77%；6月1~3 d内出现海雾概率占86%；7月1~2 d内出现海雾概率占89%；8月全部为转南风1 d内即可出现海雾。

（4）海雾影响范围特征

2011—2013年胶州湾大桥以及岸基站能见度监测结果表明，除6月外，其他时间海雾70%~90%可以影响到胶州湾或以北地区，6月有一半以上海雾影响不到胶州湾或以北地区（图5.14）。

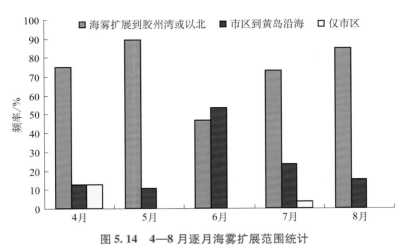

图5.14　4—8月逐月海雾扩展范围统计

5.3　海雾生消海洋气象条件

海雾是在一定的水文气象条件和特定的天气背景下产生并维持的。海雾的生成有两种过程，一是增湿，二是降温。增湿来自海面蒸发和平流输送以及雨滴蒸发等，降温途径包括接触冷却、辐射冷却、平流冷却和湍流冷却，其中有代表性的是湍流输送机制和长波辐射机制。湍流输送是指最低层空气因与海面接触而冷却，并通过湍流和风切变、冷却效应上传；长波辐射指雾的维持与雾层顶辐射冷却有关，这种冷却在雾中产生了不稳定，从而导致低层降温。海雾生成过程是非常复杂的，不同海雾过程形成机制是不同的。海雾能否生成、何时何地生成以及如何发展取决于海洋气象条件综合配置结果。本节所用资料为2006—2013年4—8月逐6 h FNL再分析资料，将青岛站所有有雾时次各要素进行排序，10 m风向风速、海温与海气温差以前10%和后10%取值作为阈值，2 m相对湿度以后20%取值作为阈值。

5.3.1　海温和海气温差

海温主要影响海雾的生成过程，包括四个方面，即海温梯度和海气温差、海温高低及海温是否随时间变化。海温梯度大、海气温差大、海温低以及海温随时间降低均有利于雾的生成，尤其是前两者影响更显著；一旦海雾生成后海温的作用就减小了（胡瑞金 等，1997）。

王彬华（1983）早在20世纪80年代即指出，海温超过25 ℃以上的海域不再有雾。基于FNL再分析资料分析结果表明，以后10%作为截断点，青岛近海海域成雾时海温上限阈值是 27 ℃ 。

除适宜的海温条件外，海气温差也是很重要的。根据平流冷却雾成雾条件，只有气温高于海温时才有利于雾的形成。青岛近海海域成雾时海气温差大于 −3 ℃ 、小于 0.5 ℃ 。

5.3.2　相对湿度

相对湿度大小及其分布是海雾能否生成的物质基础。当暖平流较强时，不利于海雾的生成。基于 FNL 再分析资料分析结果表明，以前 20% 作为截断点，青岛近海海域成雾时 2 m 相对湿度大于 90% 。

5.3.3　风向风速

风既可输送暖湿气流，又可促成低空湍流交换。因此合适的风向、风速是海雾形成的重要因素之一。一般东海和黄海成雾时偏南风居多。另外，风向要稳定少变才有利于雾的生成和维持。对于中国近海海雾，风速条件一般在 2～10 m/s 范围内。风速太小不利于海气交换，风速太大对成雾不利。基于 FNL 再分析资料分析结果表明，分别以前 10% 、后 10% 作为截断点，青岛近海海域成雾时 10 m 风向一般介于 112°～202°，风速一般介于 3～9 m/s（图 5.15）。

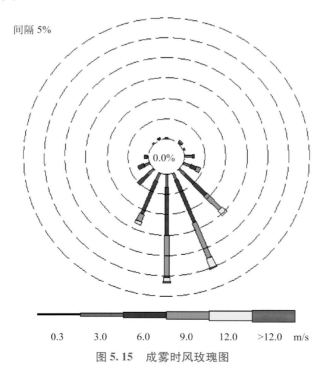

图 5.15　成雾时风玫瑰图

逆温不是海雾生成的一个充分条件，但逆温的存在有利于海雾在高层凝结。海雾的消散一般是天气形势发生改变，风向改变，风速增大，湿度减小，逆温层被破坏，或太阳辐射等。

5.3.4 海雾预报着眼点

青岛近海海雾生消的关键因子：①海温低于气温，即海洋作为冷源是海雾天气出现的基本条件，因而海雾多形成于春、夏季，冬季在天气异常变暖时也会出现海雾；海温高于气温，即海洋为热源是海雾消失的基本条件，因而海雾消失于秋冬。②海雾对低层平流逆温的依赖在4—7月逐月减小。③海面湿度平流起决定性作用，海雾生消过程实质就是海面高湿度平流的建立和消散过程。④低层大气逆温层由温度平流造成，与风向无关，因此平流逆温层在任何风场下都能形成，但西南风场占比较多。⑤海面湿度平流能在24 h内造成海雾，以上海站的露点温度达到青岛近海水温以上为湿度平流开始建立的标志。海面东南风6~8 m/s是湿度平流的最佳风速，4~6 m/s是海雾得以维持的最佳风速。⑥青岛站温度露点差迅速缩小或扩大是青岛近海海雾即将生成或消散的重要前兆。

5.4 青岛沿海海雾及能见度精细化预报技术和预报产品

海雾的预报方法主要有天气学方法、数值预报方法以及统计预报方法。天气学方法即基于天气形势，利用天气学原理做出的天气预报方法，是目前沿海海雾预报的主要方法之一。统计预报方法在我国沿海地区海雾的业务预报中也取得了一定成效，常见的建模方法有逐步回归、模糊和神经网络、支持向量机（Support Vector Machine，SVM）、分类与回归树（CART）等，可实现未来是否有雾的判别。

另外，随着数值预报技术的快速发展，通过在数值模式后处理模块中增加雾的诊断算法，我国初步建立了黄渤海、华东沿海海雾数值预报系统，为沿海地区海雾预报业务提供了技术支撑。我们的工作主要通过三种方法建立了海雾及能见度的精细化预报技术和产品，三种方法分别是基于美国国家海洋和大气管理局（NOAA）给出的FSL（Forecast Systems Laboratory）能见度算法本地化修订、基于深度神经网络的能见度预报技术、基于BP神经网络的能见度预报技术。

5.4.1 基于深度神经网络的能见度预报技术

深度神经网络（Deep Neural Networks，DNN）是深度学习（Deep Learning）的基础，可以理解为有很多隐藏层的神经网络。由输入层、多个隐藏层、输出层组成深度神经网络的基本结构。由输入层负责接收输入数据，从输出层可以获取神经网络输出数据，隐藏层则是输入层和输出层之间的层，它们对于外部来说是不可见的，其中隐藏层个数、每层神经元个数都可以自由设置。利用前向传播、反向传播的复杂算法和多重非线性变换，DNN从众多输入数据中进行多层抽象，提取丰富、线性及非线性特征和信息，能够处理各种复杂非线性问题（图5.16）。

选取2009—2018年10年雾季期间的气温、气压、能见度等多种观测资料和再分析数据进行数据训练（图5.16），利用深度神经网络来建立海雾能见度和相关气象要素的关系模型，通过模型筛选，获得最为优异的深度神经网络模型作为最终的能见度预报模型。

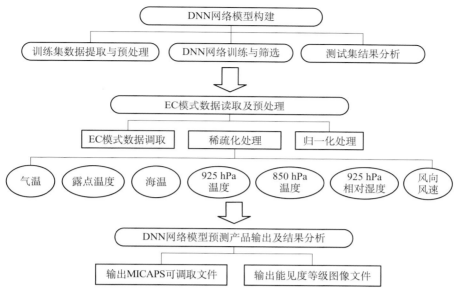

图 5.16　DNN 网络模型运行流程图

5.4.2　基于 FSL 算法的能见度算法修订

FSL 算法由 NOAA（美国国家海洋和大气管理局）预报系统实验室研发，基于相对湿度（RH）和温度露点差（$t - t_d$），即：

$$\mathrm{vis(mile)} = 6000 \times \frac{t - t_d}{RH^{1.75}} \qquad (5.4)$$

式中，1 mile = 1.609344 km。该算法中，当相对湿度为 100% 时，能见度为 0 km。换算成以千米（km）为单位并以两个系数 a 和 b 代替原算法中常数，即：

$$\mathrm{vis(km)} = a \times 1609 \times \frac{t - t_d}{RH^b} \qquad (5.5)$$

在原算法中 $a = 6$、$b = 1.75$。我们选取 25 个海雾过程，通过循环 a 和 b，采用能见度均方根误差平均值最小确定算法中系数 a 和 b（表 5.5）。新 FSL 青岛本地诊断方案算法可以显著减小能见度误差，TS 评分较原算法提升约 20%，更适宜于青岛沿海及近海海域海雾能见度的计算。

表 5.5　三站 FSL 算法修订后系数

站点	系数 a	系数 b
青岛	1.0	1.67
太平角	1.0	1.74
潮连岛	1.0	1.61

5.4.3　基于 BP 神经网络的能见度预报技术

BP 神经网络其训练主要分为两个过程，一是通过将输入值传入神经网络模型得到输出值，二是利用输出值得到误差返回神经网络隐层各个节点，不断调整权重，以达到实际输出值与期望输出值误差均方最小的目的。

利用 2018—2020 年青岛地区陆地及近海自动气象站和浮标站观测数据，通过 BP 神经网络算法，分别对沿海和内陆分不同区域，按月份训练风、温、湿、压等气象要素与能见度的模型（图 5.17），确定最优算法所需的预报因子，建立基于 BP 神经网络算法的青岛地区能见度模型。

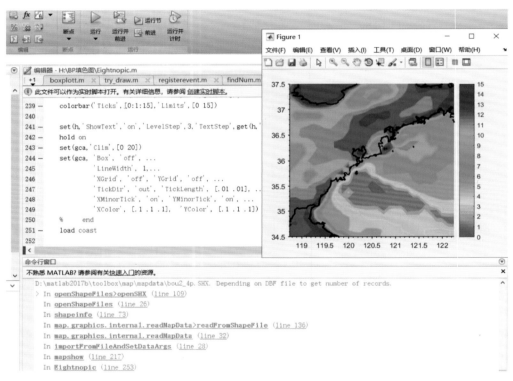

图 5.17　BP 神经网络模型程序运行图

5.4.4　能见度精细化预报产品

采用上述三种预报技术，采用数值模式产品，建立了三套能见度精细化预报产品。

在能见度预报业务中，每日定时 2 次自动调取数值模式产品（欧洲中期天气预报中心细网格产品）中的数据（DNN 网络模型选取气温、露点温度、海温、925 hPa 温度、850 hPa 温度、925 hPa 相对湿度、风向风速数据；FSL 订正技术选取相对湿度、温度露点差；BP 神经网络选取气温、气压、露点温度、相对湿度、风速数据），将不同数据分别导入 DNN 网络模型、FSL 订正模型、BP 神经网络模型中，可以得到三种空间分辨率均为 12.5 km（业务运行中已根据需要差值为 5 km）、时间分辨率均在 3 ~ 6 h（72 h 内为 3 h，72 ~ 240 h 为 6 h）的长时间序列能见度网格预报产品，三种产品在青岛市市县气象业务一体化平台中以图形方式输出（图 5.18a ~ c），稳定运行，并实现针对任一位置的未来 10 天能见度变化曲线输出（图 5.18d）。

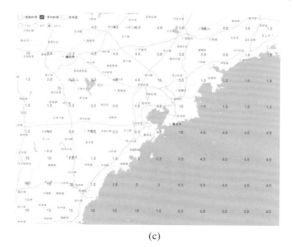

(a)　　　　　　　　　　　　　　(b)

(c)

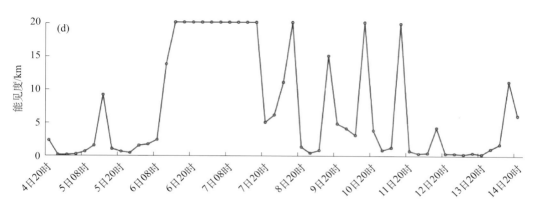

图 5.18　**2022 年 6 月 6 日 05 时三种能见度精细化预报产品（（a）DNN，（b）FSL 修订，（c）BP）及能见度（d）变化曲线图**

暴雨是青岛市夏季的主要降水天气之一，降水量占全年平均降水量的42%。青岛市的暴雨多发生在夏季，其次是春夏之交和夏秋之间。1981—2010年发生的484次暴雨中，7—8月的暴雨次数占总数的70%，6月和9月暴雨次数占总数的22.5%。全市出现暴雨的最早时间为3月4日，最晚时间为11月10日。

日降水量大于或等于50.0 mm（暴雨）以上日数，全市年平均为2.3 d，最多年份可达6~9 d；大于或等于100.0 mm（大暴雨）以上日数平均为0.4 d，最多年份可达1~4 d。大于或等于250.0 mm的较少，1981—2013年，特大暴雨降水日数全市仅出现3次，其中西海岸新区2次：1990年8月16日，降水量299.9 mm；2012年9月21日，降水量393.7 mm，为全市有气象记录以来的最大日降水量和1 h最大降水量记录（93.1 mm）。即墨区1次：1997年8月19日，降水量303.5 mm。全市暴雨、大暴雨以上降水年平均日数及最多日数、历年变化状况见图6.1和表6.1。

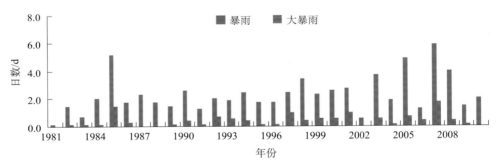

图6.1 青岛市平均暴雨和大暴雨以上降水日数年变化图

表6.1 青岛市暴雨、大暴雨以上降水年平均日数及最多日数（1981—2010年）

区（市）	暴雨以上（≥50 mm）			大暴雨以上（≥100 mm）		
	年平均/次	年最多/次	出现年份	年平均/次	年最多/次	出现年份
市区	2.2	6	2007	0.2	3	2007
崂山	2.0	6	2007	0.4	2	1985、2000、2007
即墨	2.7	7	2005	0.4	2	1985、1992、1997、2001
莱西	2.7	6	2003	0.5	3	2003
平度	2.1	6	1985、2003	0.4	2	1997
胶州	2.1	6	2005	0.4	1	1982—1985、1990、1992—1994、1999、2001、2007、2008

区（市）	暴雨以上（≥50 mm）			大暴雨以上（≥100 mm）		
	年平均/次	年最多/次	出现年份	年平均/次	年最多/次	出现年份
西海岸新区	2.6	9	2007	0.6	4	2007
全市平均	2.3			0.4		

青岛的暴雨具有局地性强、年际变化大的特点。1975 年，市区年降暴雨 7 次，而 1981 年、1982 年连续 2 年无暴雨。2012 年 9 月 21 日，西海岸新区出现了降水量 393.7 mm 的特大暴雨，而相邻的区市仅为小到中雨。

6.1　暴雨的影响系统

影响青岛的暴雨天气系统主要有四类：低槽冷锋、温带气旋、低涡与切变线、热带气旋及中低纬度系统相互作用，影响系统归类原则是以地面为主，兼顾系统垂直配置。

6.1.1　低槽冷锋暴雨

冷锋过境或影响东北部沿海，常有尾随的地面高压。有时虽然地面冷锋锋消，但高空有冷性低槽过境，850 hPa 有冷平流。低槽冷锋能够产生暴雨多与对流层低层的急流或低涡有关。低槽冷锋的 3 种高低层配置形势如下：

①地面冷锋 +500 hPa 槽 +700 hPa、850 hPa 槽或冷切变；

②地面冷锋 +500 hPa 槽 +700 hPa、850 hPa 槽或低涡；

③地面冷锋 +500 hPa 冷涡横槽 +700 hPa、850 hPa 槽或冷切变。

6.1.2　温带气旋暴雨

地面气旋：至少有一根闭合等压线（间隔 2.5 hPa），或有明显的气旋性环流，生命史 ≥24 h。

南方气旋：发生在副热带锋区上的温带气旋，包括发生在长江中下游、淮河流域、东海、黄海的气旋，当南支锋区偏北时，也可能生成于黄河中下游。因此，按生成位置又分为江淮气旋、黄淮气旋和黄河气旋。

温带气旋是青岛市大范围降水的重要影响系统，对气旋影响过程，暴雨落区预报是关注重点。暴雨区相对于气旋的位置与高、低空系统的相互配置相关（孙兴池 等，2006）。温带气旋的高低层配置形势为：地面气旋 +500 hPa 槽 +700 hPa、850 hPa 低涡或切变线。

低层低涡沿切变线东移或切变线上出现低涡，是气旋影响过程的主要形势。低涡、切变线常常互相依存或转化，有时切变线加深成低涡，有时低涡减弱为切变线。

6.1.3　低涡、切变线暴雨

切变线定义：对流层下部（700 或 850 hPa）出现的准静止气旋性风向不连续线，有地面静止锋配合或与锋面无关。由于低涡经常沿切变线活动，二者互相依存且能相互转化，因此二者划归一类。低涡、切变线的高低空配置形势如下：

①500 hPa 槽 + 700、850 hPa 低涡、切变 + 地面静止锋；

②500 hPa、700 hPa、850 hPa 三层低涡、切变 + 地面低压（倒槽）；

③500 hPa 槽 + 700 hPa、850 hPa 低涡、切变 + 地面高压后部低压前部偏东风；

④500 hPa 槽 + 700 hPa 切变线 + 850 hPa 高压南侧东南风 + 地面高压控制下的均压场、鞍形场。

6.1.4　热带气旋及中低纬系统相互作用暴雨

青岛不仅会受到热带气旋直接影响产生暴雨，而且还会受到热带气旋远距离及中低纬系统相互作用影响。热带气旋及中低纬系统相互作用暴雨主要有：

①登陆热带气旋本身暴雨（含倒槽、减弱环流）；

②登陆北上热带气旋与西风槽相结合暴雨；

③热带气旋倒槽与西风槽相结合暴雨；

④热带气旋远距离暴雨；

⑤中低纬相互作用暴雨。

6.2　暴雨天气分型及预报指标

6.2.1　气旋暴雨

6.2.1.1　2014 年 10 号台风"麦德姆"致青岛大暴雨、特大暴雨

2014 年第 10 号热带风暴"麦德姆"于 7 月 18 日 02 时在菲律宾以东、帕劳群岛东北 250 km 的洋面上生成，19 日 02 时加强为强热带风暴，20 时加强为台风，22 日 14 时加强为强台风。台风"麦德姆"生成后沿西北方向移动穿过台湾后，在 23 日 16 时在福建省福清市高山镇登陆以后向北偏西移动，在苏北转向东北方向，于 25 日 10 时再次入海，沿山东半岛南部沿海北上，穿过山东半岛东部后，在黄海北部变性为温带气旋，离青岛的海岸线最近仅 56 km 左右，此时台风中心气压 990 hPa，最大风速 23 m/s，移动速度 35 km/h。

受台风"麦德姆"和西风槽、副热带高压的共同影响，2014 年 7 月 24—26 日，青岛市出现全区性大暴雨、局地特大暴雨过程。青岛全市降水量 140.6 mm，最大降水量崂山晓望 521.3 mm，胶州为特大暴雨，创下自有气象记录以来青岛市大暴雨覆盖面积的新纪录。

（1）天气形势分析

2014 年 7 月 24 日 08 时，500 hPa 高度场上，西太平洋副热带高压呈块状，脊线位于 29°N。588 dagpm 线有一个向苏北延伸的突起，在河套神木—延安—西安有一低槽。24 日 20 时，588 dagpm 线向苏北的凸起明显回撤，至 25 日 08 时，588 dagpm 线西部走向由西北—东南向转为东北—西南向，同时副高脊线由 29°N 抬升到 31°N，河套的浅槽也明显东进至济南—徐州—西安一线。台风"麦德姆"在西风槽和副高之间偏南气流的引导下向偏北方向移动。25 日 02 时台风"麦德姆"越过副高脊线，进入西南气流中，开始转向东北方向移动。

（2）物理量场分析

降水量与低层水汽输送正相关。水汽是形成降水的最基本条件之一，任何一场暴雨，尤其是持续性的大暴雨，都必须有水汽的集中和源源不断的水汽供应，而形成暴雨所需的水汽辐合来自于底层水汽的输送。图 6.2 给出了 2014 年 7 月 24 日 08 时台风"麦德姆"（距青岛 265 km）影响青岛时的对流层低层的风场、水汽通量散度、相对湿度以及低层和高层的散度场配置情况。

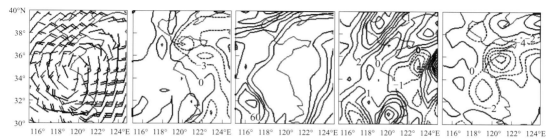

图 6.2　台风"麦德姆"2014 年 7 月 25 日 08 时物理量场（从左至右依次为 850 hPa 风场、850 hPa 水汽通量散度、700 hPa 相对湿度、200 hPa 散度、1000 hPa 散度）的结构

分析物理量场结构图，在 850 hPa 风场上，青岛地区都处于台风的东北象限，受东南气流影响，强劲的东南气流从海上带来大量的水汽，并源源不断地向青岛地区输送，使该地区集中了足够的水汽且有着明显风向切变、风速辐合存在；850 hPa 水汽通量散度都在大的负值区中心；在 700 hPa 整个青岛地区都处于相对湿度 90% 的范围内，这些都满足了暴雨形成的水汽条件。在散度场图上，青岛地区低层 1000 hPa 散度场为大的负值中心控制，有明显辐合，而高层 200 hPa 为正值区，有明显辐散。由于青岛地区有源源不断的水汽供应，有足够的湿度，同时低层辐合、高层辐散，从而引发了青岛地区出现全区性的暴雨、大暴雨天气。

（3）雷达资料分析

2014 年 7 月 25 日 06 时 30 分台风"麦德姆"距离青岛 320 km 左右，此时小时降水量 24 mm，在雷达 0.5°基本反射率因子回波图中，青岛南部一直能够观察到一条线状强回波带，强度在 45 ~ 50 dBZ，呈气旋性弯曲。相应位置的 0.5°仰角速度图上也可以观察到对应的辐合带，在 1.5°和 2.4°仰角速度图上都有辐合带存在，说明在强回波带上有明显的深厚风速切变存在。相应时段的垂直风廓线（Vertical Wind Profile，VWP）产品，在 0.3 km 为东北风反演风速为 12 m/s，0.6 ~ 8.5 km 为深厚的南到东南风，9.1 ~ 12.2 km 为西南风。

7月25日14时02分，当台风"麦德姆"离青岛最近的时候（56 km），台风中心处于青岛雷达的覆盖区内，雷达0.5°基本反射率因子回波图在青岛只有弱回波，北部有不断减弱雷达回波，在青岛以东的海上仅有零散的回波。相应位置的0.5°仰角速度图上，在青岛东部100～150 km的海面上有1个直径50 km的圆形零速度圈，也就是台风中心，其东西两侧为对称反方向气旋性风场，青岛雷达站处于台风"麦德姆"西侧的大风带中，风速超过27 m/s，出现速度模糊。相应时段的VWP产品，在3.0 km以下为北风向大风，最大风速为22.6 m/s，3.0～4.6 km为西北风，4.6～10 km为西南大风（图6.3）。

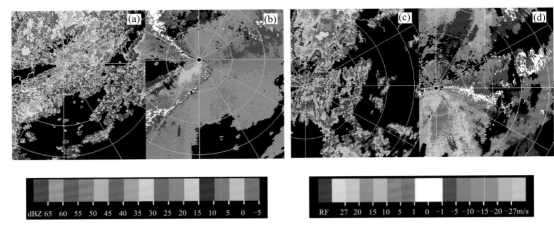

图6.3　1410号台风"麦德姆"0.5°仰角基本反射率和径向速度图

（a，b）2014年7月25日06:30；（c，d）2014年7月25日14:02

台风对青岛降水的影响主要在台风的远距离阶段和接近青岛的时段。台风在中高纬度时，降水回波都在台风的前半部，台风中心附近没有明显的雷达降水回波，当台风离青岛最近的时候降水就趋于结束。

6.2.1.2　2018年14号台风"摩羯"致青岛中雨、局部大雨到暴雨

2018年14号台风"摩羯"于8月7日在西太平洋生成，12日晚11时35分在浙江温岭沿海登陆，登陆时强度为强热带风暴，登陆后继续向西北方向移动，13日23时在安徽亳州减弱为热带低压，14日02时前后穿过河南商丘后向偏北方向移动，于14日上午08时停止编号，变性为温带气旋后继续向北移动。14日20时，进而向东北转向，15日08时至16日，台风减弱低压在向东北移动的过程中出现折返，即打转和蛇形路径。

受其影响，8月14日06时至16日06时，青岛市出现中雨局部大雨到暴雨天气。全市累积平均降水量21.1 mm，其中市区25.1 mm、崂山42.6 mm、城阳19.4 mm、黄岛8.8 mm、胶州12.6 mm、即墨25.8 mm、莱西21.5 mm、平度16.5 mm。共6个站出现暴雨、52个站大雨，崂山区太清最大，达71.7 mm。

（1）天气形势分析

500 hPa 14日08时东亚大陆为两槽一脊形势，贝加尔湖上方有一明显的高压脊在缓慢东移，槽前的高空引导气流方向为西南向，引导地面低压向东北方向移动；此外，副热带高压相对常年更偏西偏北，外缘线已西伸到我国东部沿海。在高空引导气流的作用下，台风

"摩羯"减弱变性的温带气旋逐渐向东北方向移动。至 15 日，高空槽脊继续发展，最终和副热带高压相连形成高压坝，台风"摩羯"变性形成的北上气旋与南下的冷空气势均力敌，导致该气旋一直在莱州湾上空盘旋，持续时间达 8 h 以上，15 日 18 时以后该气旋逐渐减弱并南退。

（2）台风路径分析

台风登陆后的移动路径，主要受西太平洋副热带高压和西风带环流的影响，预报移动路径，主要着眼于太平洋副热带高压和西风带槽脊位置及强度变化。台风"摩羯"在 2018 年 8 月 14 日凌晨从安徽北部转向进入山东，台风路径转折受到大尺度引导气流和台风本身结构共同影响。业务预报模式对路径转折的预报存在较大偏差，ECMWF 的大部分集合成员没有预报出台风路径转折，主要是因为预报的西太平洋副热带高压位置比实况偏西。在台风路径转折前，整层大气高能区和 200 hPa 辐散大值区分布对台风路径转折预报具有指示意义。整层大气高能区中心轴线和 300 hPa 强增温中心轴线方向的变化对转折时间预报具有指示意义（于慧珍 等，2023）。分析台风"摩羯"的移动路径可知，大陆高压强度偏弱，台风得以沿着副高外围北上，后期北部副高加强，台风不足以冲破高压的阻挡作用而出现折返，即打转和蛇形路径。

较以往相比，此次台风更深入地进入内陆，移动路径较为特殊。同时也不能轻视台风变性为温带气旋的影响。

6.2.1.3 2018 年 18 号台风"温比亚"致青岛暴雨、局部大暴雨

2018 年 18 号台风"温比亚"生成于我国东海洋面，8 月 17 日 04 时以热带风暴强度登陆上海浦东（登陆前短暂增强至强热带风暴），登陆后向西偏北方向移动，强度逐渐减弱，18 日 14 时在河南境内减弱为热带低压，19 日 05 时在河南东部转向东北方向，19 日 20 时左右台风"温比亚"进入山东省单县，20 日 05 时，在黄河口附近进入渤海，20 日 07 时强度有所加强。

台风移动异常缓慢，受其外围水汽与弱冷空气的影响，8 月 19 日 20 时—20 日 10 时，青岛市出现暴雨、局部大暴雨天气。全市累积平均降水量 57.8 mm，其中市区 25.8 mm、崂山 52 mm、城阳 60.5 mm、黄岛 51.3 mm、胶州 80.1 mm、即墨 57.8 mm、莱西 62.5 mm、平度 76.5 mm。共 13 个站出现大暴雨、84 个站暴雨、38 个站大雨。胶州市胶东镇最大达159.0 mm。

（1）天气形势分析

17 日 08 时，500 hPa 贝加尔湖附近有一冷涡维持，冷涡底部西风槽较为深厚，副热带高压西伸与大陆高压合并呈带状盘踞在黄河流域，将台风"温比亚"环流与北部冷空气完全隔绝。17 日 20 时，随着副高与大陆高压断裂，冷涡后部开始有冷空气伴随短波槽东移南下。在此种形势下，18 日 20 时，台风已减弱为热带低压，中心位于河南境内，500 hPa 中纬度地区多短波槽活动，与台风环流不断作用，造成台风环流内冷区南压，850 hPa 上自东北向南存在冷舌，河南南部有弱冷空气中心，与东南急流带来的暖湿空气交汇，形成温度锋区。

随着冷涡后部小股冷空气不断南下与台风残余环流相互作用，低压环流强度持续减弱。

至19日20时，500 hPa上台风环流已并入西风带系统，被较强的西风槽取代，850 hPa上冷暖平流更加显著。伴随着弱冷空气的影响，各层系统间正压性被破坏，呈现出明显的斜压特征。

根据以上分析，台风"温比亚"北上过程中，贝加尔湖附近冷涡稳定维持导致冷空气频发，不断东移南下的小股冷空气持续与其北侧倒槽相互作用，是台风减弱环流倒槽附近强降水得以维持的重要原因。

（2）水汽条件

台风"温比亚"极端强降水的产生离不开充沛的水汽条件。其水汽源地分为两个阶段，登陆前，水汽主要来源于孟加拉湾和南海，自南向北输送的水汽经黄海形成水汽通道，登陆后，随着台风北上和大尺度环流的调整，南海与黄海间水汽通道断裂，水汽主要来自东海及黄海中部。东南急流源源不断地将水汽从东海向山东区域输送，为此次过程提供了充足的水汽条件。

（3）不稳定层结

台风环流中的中小尺度系统是产生台风暴雨的重要因素，中小尺度系统产生的强对流具有降水效率高、局地性强等特征，而强对流的发生离不开有利的环境条件。此次过程中，大部地区500 hPa以下存在对流不稳定，不稳定中心位于鲁东南地区，且该地区低层存在假相当位温高能脊，说明能量条件非常充沛。

这种广泛存在的不稳定层结为强对流的发生和发展提供了有利的能量条件，这种不稳定层结的形成得益于中层弱冷空气和低层强暖湿气流的输送。

（4）云图特征

19日夜间开始，残余的台风环流云系逐渐呈现出组织性，开始具有温带气旋逗点状云系特征，20日白天，逗点云系尾部冷锋云系自西向东影响半岛地区降水。19日夜间至20日白天，受变性后的温带气旋影响，主要降水落区位于半岛一带。

此次降水影响青岛地区时，"温比亚"台风环流已并入西风带系统，发展成变性后温带气旋，其外围充沛的水汽和弱冷空气的加入对强降水的维持起到了重要作用。

6.2.1.4 2019年9号台风"利奇马"致青岛暴雨到大暴雨、局部特大暴雨

台风"利奇马"于8月7日05时为台风，8月7日23时升级为超强台风，并继续向西北方向移动，向浙江沿海靠近，并于8月10日01时45分许在浙江省温岭市城南镇沿海登陆，登陆时中心附近最大风力有16级（风速52 m/s），这使其成为2019年以来登陆中国的最强台风和1949年以来登陆浙江第三强的台风；随后其纵穿浙江、江苏两省并移入黄海海面，又于8月11日20时50分许在山东省青岛市黄岛区沿海再次登陆，登陆时中心附近最大风力有9级（风速23 m/s），此后其移入渤海海面并不断减弱，最终于8月13日14时被中央气象台停止编号。

受台风"利奇马"影响，青岛地区全部出现了暴雨到大暴雨、局部特大暴雨。8月10日06时至13日06时，青岛市出现暴雨到大暴雨天气，崂山部分地区出现特大暴雨。全市累积平均降水量91.8 mm，其中市区59.1 mm、崂山142.6 mm、城阳96.4 mm、黄岛75.0 mm、胶州77.2 mm、即墨83.6 mm、莱西76.0 mm、平度115.6 mm。共计出现雨量

大于 250 mm 的有 3 个站, 100 ~ 250 mm 的 37 个站, 50 ~ 100 mm 的 98 个站, 崂山区青峰顶最大达 401.0 mm。受其影响, 青岛市市区及近海风力较大, 风力内陆最大达 6 ~ 7 级, 阵风 8 级, 沿海和近海海域 8 ~ 10 级, 阵风 12 ~ 13 级。大监站中崂山站平均风速最大 18.5 m/s (8 级)、阵风 26.9 m/s (10 级), 青岛市区平均风速 10.2 m/s (5 级)、阵风 19.2 m/s (8 级)。

(1) 天气形势分析

2019 年 8 月 9 日 08 时, 500 hPa 副高较弱, 受双台风影响, 副高脊线位于 34°N 附近, 呈块状分布, 588 dagpm 线西伸点在朝鲜半岛南部, 中心位于日本岛南部, 10 日 01 时 45 分随着台风"利奇马"在温岭登陆, 588 dagpm 线只是略有东缩后便稳定在 125°E 附近, 且几乎呈现东西向带状分布, 另外随着台风"罗莎"向西北方向移动, 副高脊线继续北上 35°N 附近, 588 dagpm 线西伸点收缩在朝鲜半岛东部, 有利于"利奇马"登陆后沿着副高西侧的南风气流几乎向正北移动, 而在青岛附近再次登陆后, 受到其东北部高压坝南侧东南气流影响折向西北, 12 日清晨从昌邑进入渤海后受到西风槽和罗莎台风的双重影响打转停止互旋减弱。

(2) 物理量场分析

中国东部沿海地区的显著水汽通道, 从南海到山东半岛, 为山东的强降水提供了有利的水汽条件, 大于 72 ℃ 的高能区范围较大, 华东沿海地区都处于高能区, 且强降水主要出现高能量锋区内 (图 6.4)。

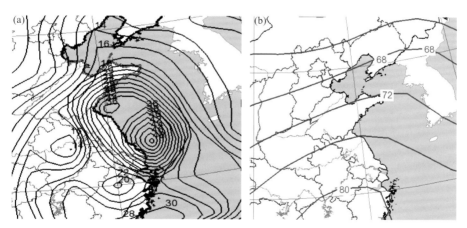

图 6.4 2019 年 8 月 10 日 20 时 850 hPa 水汽通量 (a) 和假相当位温 (b)

(3) 雷达回波特征

整个降水过程基本以积云层状云混合降水回波为主, 并未产生强的对流活动。这一点从几个时次的雷达回波图上也可以看出。10 日夜间到 11 日 20 时, 本次强降水过程以混合降水回波为主, 夹杂块状或条带状对流回波 (图 6.5)。由于缺乏冷空气和西风带辐合系统, 青岛降水主要靠台风中心云团。

此次过程台风在浙江登陆且滞留时间较长, 减弱速度较快, 能量有所损耗, 后从江苏进入黄海, 再次登陆青岛, 在黄海历时较短, 不足以吸取足够的能量, 而且此时其结构已出现松散, 台风中心随着时间的推移呈现明显的空心结构, 雨带已明显减弱, 这也正是台风登陆时青岛风平浪静、降雨主要为阵雨的主要原因。

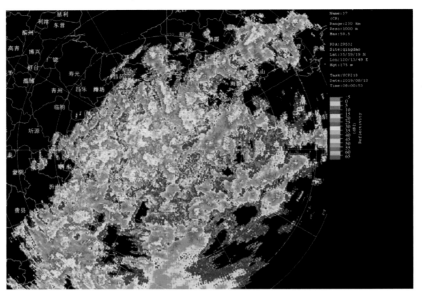

图 6.5　2019 年 8 月 10 日 08 时雷达反射率因子图

6.2.2　暖区暴雨

6.2.2.1　暖区暴雨的定义和分类

黄士松（1986）最早在研究华南前汛期暴雨时提出了暖区暴雨的概念，为暖区暴雨给出了定义：暖区暴雨一般是指发生在地面锋面南侧暖区，或是南岭附近至南海北部没有锋面存在、华南未受冷空气或变性冷高脊控制时产生的暴雨。何立富等（2016）总结归纳了近40 a 华南暖区暴雨研究成果，将华南暖区暴雨分为边界层辐合线型、偏南风速耦合型和强西南急流型。陈玥等（2016）对长江中下游地区的暖区暴雨的时空分布特征进行统计分析，建立了三类暖区暴雨的天气概念模型，主要分为冷锋型、暖切变型和副高边缘型。而对于南方地区暖区暴雨个例（夏茹娣 等，2006）的研究表明，暖区暴雨通常发生在高温高湿的不稳定天气条件下，斜压性强迫不明显，边界层的抬升机制复杂，地形的影响较大，具有明显的多尺度和强对流特征。

对于青岛地区而言，在排除台风或其残留低压系统直接影响导致的暴雨过程后，依据前人的研究结果，将发生于低空切变线或锋面以南的偏南暖湿气流内的暴雨定义为暖区暴雨，并按产生暖区暴雨的天气系统，将暖区暴雨分为冷锋型、暖切边型和副高边缘型三类，其中副高边缘型可细分为单日暴雨型（Ⅰ型）和连续暴雨型（Ⅱ型）。针对 2011—2018 年间 38 个暖区暴雨日的统计如表 6.2 所示。

表 6.2　不同类型暖区暴雨日数统计

	冷锋型	暖切变型	副高边缘Ⅰ型	副高边缘Ⅱ型
暴雨日数/d	5	11	10	12
平均暴雨站数	16.6	7.6	10.4	14.4

6.2.2.2 暖区暴雨的时空分布特征

青岛地区 4—11 月暖区暴雨的日数分布如图 6.6 所示，相比于非暖区暴雨，青岛地区暖区暴雨的发生时间更为集中，主要在 7—9 月，其中 7、8 月日数最多，占比超过 80%；7 月的暖区暴雨总日数达到 17 d，甚至超过非暖区暴雨；进入 9 月以后暖区暴雨日数明显减少。而四个类型暖区暴雨中暖切变型开始和结束的时间均最早，最早在 5 月就有出现，9 月之后便不再产生。相比之下副高边缘 Ⅱ 型出现时间最晚，集中在 8—9 月，而副高边缘 Ⅰ 型集中出现在 7—8 月，显示这两个类型暖区暴雨的出现与副高北上的位置有密切的关系。

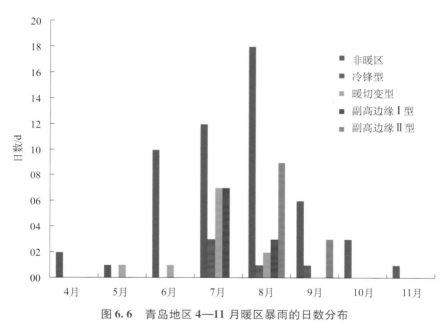

图 6.6 青岛地区 4—11 月暖区暴雨的日数分布

从暖区暴雨的年平均日数、总降雨量、平均日雨量和最大日雨量分布可以看出，暖区暴雨存在南、北两条高发生带（图 6.7），最集中的是位于青岛北部内陆的山区，东北部地区最大平均日数在 1.2 d 以上，同时在南部沿海一线还存在一个较弱的发生带，分为东、西两个中心，平均暖区暴雨日数在 0.5 d 左右，分别对应大、小珠山和崂山山区。总降雨量的分布特征与日数相同，降雨的最大值区位于内陆山区，沿海同样存在弱的降雨中心。相比之下，平均日雨量和最大日雨量的分布更为明显地表现出与地形的密切关系，在东南部沿海地区，其雨量的日均值和最大值基本一致，说明在这一地区出现的暖区暴雨强度比较均匀，基本在 120 ~ 150 mm，而北部内陆地区的平均雨量在 100 mm 左右，但是最大雨量超过 240 mm，这说明这一地区的降水极为不均匀，个别时候甚至会出现超过 250 mm 的特大暴雨。

对于四个类型的暖区暴雨，其空间分布也有所不同（图 6.8）。冷锋型暴雨发生的日数较少，年平均最大只有 0.25 d 左右，且位置主要集中在西南部地区；暖切变型暴雨日数的大值中心在青岛地区的西北内陆地区，最大 0.5 d 左右，在西南和东南沿海还有平均 0.2 ~ 0.3 d 的暴雨出现；而副高边缘 Ⅰ 型和 Ⅱ 型暴雨同样在青岛地区的北部内陆地区出现的暴雨

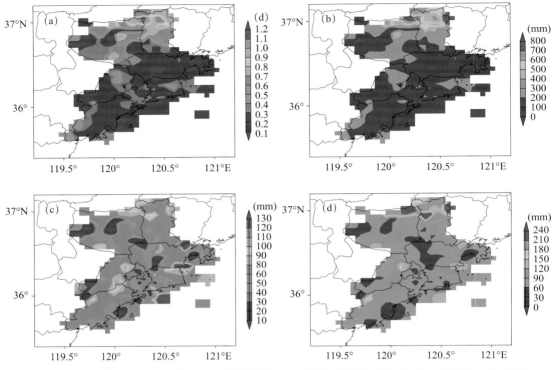

图 6.7 暖区暴雨年平均日数（a）、总降雨量（b）、平均日雨量（c）和最大日雨量（d）分布

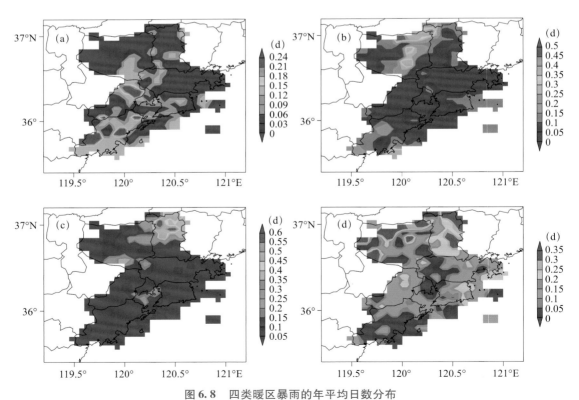

图 6.8 四类暖区暴雨的年平均日数分布

（a）冷锋型；（b）暖切变型；（c）副高边缘 I 型；（d）副高边缘 II 型

日数最多，但Ⅰ型暴雨的发生地区最为集中，主要在东北部的内陆山区，最大达到0.8 d，而Ⅱ型范围较大，范围覆盖整个北部山区，同时在东南沿海一带同样存在一个较弱的中心，最大在0.2 d以上。

6.2.2.3 暖区暴雨的降水性质

对不同雨强在暖区和非暖区暴雨中占比和持续时间的统计（表6.3）可以发现，相较于非暖区暴雨，暖区暴雨在出现短时强降水的站点比例和雨量比例上均有明显超出，站点比例接近甚至超过80%，雨量占比在50%以上。而非暖区暴雨短时强降水雨量仅占不到45%，暖区暴雨显示出明显的强对流特征。当日雨量达到100 mm以上时，短时强降水比例更高，特别是暖区暴雨，站点比例接近100%，雨量基本在60%以上。而对比四类暖区暴雨，冷锋型和副高边缘Ⅰ型的短时强降水占比最高，显示出最强的对流特征，尤其是副高边缘Ⅰ型，日雨量在50 mm以上时其短时强降水出现的站数比例就接近100%，雨量占比超过70%，相比之下，暖切变型和副高边缘Ⅱ型的降雨强度明显偏弱。

表6.3 各类暴雨中出现短时强降水的站点数和雨量占总暴雨站点数和雨量的百分比（%）

类型	站数比例		雨量比例	
	日雨量≥50 mm	日雨量≥100 mm	日雨量≥50 mm	日雨量≥100 mm
非暖区	65.05	83.33	44.88	61.67
冷锋型	90.36	100.00	63.80	63.76
暖切变型	79.76	100.00	56.98	72.36
副高边缘Ⅰ型	97.12	100.00	73.65	85.91
副高边缘Ⅱ型	80.35	95.83	54.44	75.59

同时暖区暴雨的降水更加集中，2 mm/h以上的降雨集中在6 h以内，而随着雨强的增加，暖区暴雨的日均时次减小速度明显小于非暖区暴雨，对于小时雨强在10 mm以上的降水，出现的时间仍在2 h以上，说明暖区暴雨的降水时段集中，且强度总体要强于非暖区暴雨。而对比四类暖区暴雨，可以发现冷锋型和副高边缘Ⅰ型的降水时间最为集中，均在8 h以内；对于10 mm/h以上的降水，同样是冷锋型出现的时间最长，说明四类暖区暴雨中冷锋型的强降水出现得最为频繁；而副高边缘Ⅱ型的降雨时间较长，接近非暖区暴雨（表6.4）。

表6.4 各类暴雨中不同强度降雨出现的日平均时次

类型	雨强 >0.1 mm/h	雨强 >2 mm/h	雨强 >5 mm/h	雨强 >10 mm/h
非暖区	11.44	6.10	3.71	1.98
冷锋型	7.39	4.28	3.14	2.35
暖切变型	9.21	5.01	3.52	2.19
副高边缘Ⅰ型	6.27	3.36	2.53	1.92
副高边缘Ⅱ型	11.12	5.47	3.66	2.15

6.2.2.4 各类型暖区暴雨的环流特征

冷锋型暖区暴雨发生时副高强度较弱，且位置偏南；东北地区存在一个东北冷涡，后部有冷空气南下影响华北地区，中支环流较为平直，基本为偏西风；低层 850 hPa 涡后的偏北气流和副高外围的西南气流交汇于河北南部，形成东北—西南走向的冷式切变线，其切变线南侧的西南气流自华南向北至山东南部地区风速较强，达到急流标准，但在山东中北部地区风速明显减弱，存在较强的风速辐合；地面有明显冷锋位于鲁西北地区，鲁中到半岛西部地区处于锋前低压辐合区内（图 6.9）。

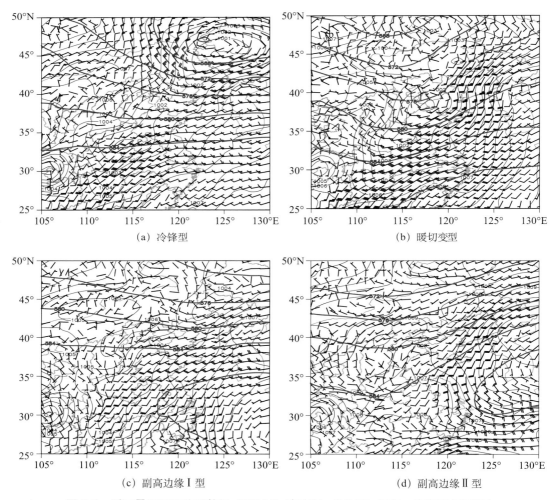

(a) 冷锋型 (b) 暖切变型

(c) 副高边缘 I 型 (d) 副高边缘 II 型

图 6.9 暖区暴雨日平均形势场（500 hPa 高度场、850 hPa 风场、海平面气压场）

暖切变型暖区暴雨发生时副高的位置同样偏南，强度强于冷锋型，588 dagpm 线控制我国东南沿海一带，高度场呈南高北低形势，北支槽位置相较冷锋型明显偏后，位于蒙古国东部，中支槽较深，584 dagpm 线达到 30°N；较强的副高和深厚的中支槽之间在 850 hPa 形成一股很强的西南急流向北一直伸展到东北地区，青岛位于急流带上；而在华北到渤海西部地区，受到槽前正涡度平流作用，低层 850 hPa 有低涡生成，前部暖式切变线位于 40°N 附近，地面在渤海西部到鲁西北地区存在气旋中心，青岛处于 850 hPa 的暖切变南侧和地面气旋的东南部暖区内。

相较于暖切变型和冷锋型，副高边缘型暖区暴雨发生时的副高呈块状，位置更加偏北，脊线达到 30°N 以北，其南侧在台湾地区附近多热带气旋活动；低层在 850 hPa 上为一致的西南气流伸展到东北地区，风速普遍较弱，没有明显的低槽或切变线；地面则同样处于西南暖湿气流造成的低压前部，盛行东南风。

对比副高边缘 I 型和 II 型的环流形势可以发现，单日型（I 型）的 500 hPa 上副高位置相对偏南，588 dagpm 线基本在 35°N 以南，同时北支槽较为平直，在东移过程中沿副高外围逐渐向东北方移动并拉平，移速较快，而连续型（II 型）的副高更为偏北，且北支的西风槽更深，东移过程中与副高东西对峙，速度缓慢，因此环流形势得以长时间维持。II 型的副高西伸脊点较为偏东，在 123°E 附近，I 型则位于 120°E 以西，因此在 850 hPa 上 I 型为一致的西南气流自华南伸展到东北地区，而 II 型西南气流主要来自副高南侧与台风间的偏东气流沿副高外围北上。

6.2.2.5　暖区暴雨的物理量统计

四个类型暖区暴雨在 925 hPa 上的水汽通量及假相当位温分布如图 6.10 所示，可以看到各类型暖区暴雨发生时青岛均处于自南向北伸展的高能舌的顶端，同时冷锋型和副高边缘 I 型的假相当位温最高，达到 350 K，高能的暖湿空气使这两个类型暖区暴雨伴有更强的降雨。而相较于其他三个类型的高能舌向东北方向伸展覆盖整个青岛地区，冷锋型暴雨发生时其假相当位温的大值区主要位于鲁中到鲁南地区，青岛处于其东北部边缘；另外在水汽通量场上冷锋型同样与其他三个类型不同，暖切变型和副高边缘 I、II 型中青岛均处于水汽通量的大值带上，而冷锋型在鲁中和半岛以南地区水汽通量较大，向北有明显减弱，在鲁中和半岛南部地区存在较强的水汽通量辐合，因此在冷锋型暖区暴雨发生时青岛的西南地区水汽辐合和能量条件较好，为暴雨的主要落区。

对于另外三个类型暖区暴雨，高能舌顶端位于北部内陆地区，同时由于南北的风速差较小，不存在明显的风速辐合，水汽的辐合区主要来自于山脉迎风坡的地形抬升，因此暖切变型和副高边缘型暖区暴雨的主要落区位于北部内陆的山区。而在另一方面，副高边缘 II 型在 925 hPa 上主要的水汽由南到东南风输送，因此在东南部沿海山区的迎风坡同样存在一个暴雨的中心。

各类暖区暴雨发生时物理量的平均值如表 6.5 所示，可以看到从 CAPE、K 指数和沙氏指数（SI）同样显示出三类暴雨均具有明显的对流性，不仅大部分暴雨都伴有明显的 CAPE 值，同时 K 指数基本都在 35 ℃ 以上，且所有过程都伴有负的 SI 指数，绝大部分都在 −1 ℃ 以下。尤其是副高边缘型的 CAPE 值平均达到 1150.9 J/kg，K 指数达到 38.4 ℃，SI 平均为 −2.93 ℃，因此，副高边缘型的对流强度最强，但其变化的幅度同样最大，显示出降水的极端不均匀性。而表征水汽条件的 700 ~ 925 hPa 的比湿同样可以看出副高边缘型在各层的变化都比较大，尤其是 700 hPa 和 850 hPa，浮动范围均达到 6 ~ 7 g/kg。而从比湿的绝对值来看，冷锋型暖区暴雨都伴有深厚的暖湿空气，不仅三层的比湿都比较高，700 hPa 达到 7 ~ 8 g/kg，850 hPa 为 14 ~ 16 g/kg，925 hPa 为 17 ~ 18 g/kg，0 ℃ 层高度也都达到 5 km 以

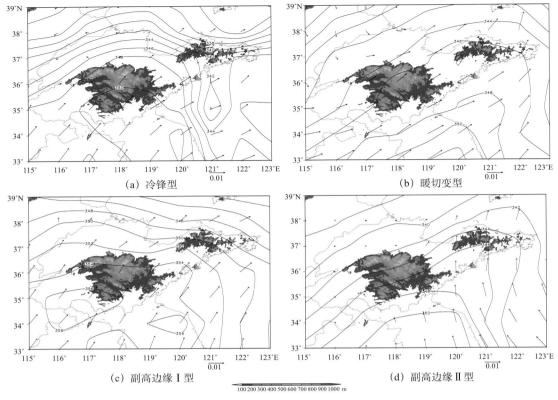

(a) 冷锋型

(b) 暖切变型

(c) 副高边缘 I 型

(d) 副高边缘 II 型

100 200 300 400 500 600 700 800 900 1000 m

图 6.10　暖区暴雨发生时 925 hPa 水汽通量（箭头）和假相当位温（等值线）（阴影为地形海拔高度）

上，因此其日降雨量的极端值都比较大，达到 100 mm 以上。对于暖切变型和副高边缘型，其 0 ℃层高度绝大部分也都在 4.5 km 以上，700 hPa 比湿明显高于冷锋型，很多个例达到 9～11 g/kg，低层比湿基本与冷锋型相当。

表 6.5　暖区暴雨发生时各项物理量的平均值

物理量	暖切变型	副高边缘型	冷锋型
CAPE/(J/kg)	425.6	1150.9	150.3
CIN/(J/kg)	35.0	99.4	209.5
K/℃	37.3	38.4	36.5
SI/℃	−1.58	−2.93	−1.19
Q700/(g/kg)	8.5	8.3	7.5
Q850/(g/kg)	15	14.3	15
Q925/(g/kg)	15.7	16.9	17.5
H0C/m	5046	4959.3	5147.6

注：Q700、Q850、Q925 分别指 700 hPa、850 hPa、925 hPa 高度层比湿；H0C 为 0 ℃层高度。

6.2.2.6 暖区暴雨个例分析

（1）冷锋型（2011-07-02）

2011 年 7 月 2 日 08 时，500 hPa 副高位置偏南，东北地区存在东北冷涡，后部有冷空气南下影响华北地区，地面图上东北地区南部至华北中部有冷锋南下，山东处于锋前暖区内，半岛北部至鲁西南地区存在辐合线，200 hPa 急流平直，位于 40°N 附近，主要雨区位于高空急流轴南侧。受到副高外围西南暖湿气流影响，探空显示 600 hPa 以下均为深厚湿层，同时大气具有不稳定能量，有利于强降水发生。1 日 20 时—2 日 20 时青岛全市出现大雨以上降水，胶州至市区、崂山一带出现暴雨到大暴雨，雷达回波显示南部地区有多个强风暴单体形成带状多单体东移南压，同时单体向东偏北方向移动，对局地影响时间长，造成强降水和暴雨（图 6.11）。

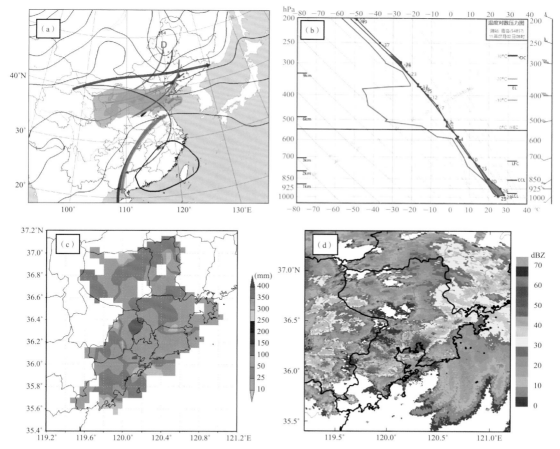

图 6.11 **2011 年 7 月 2 日暖区暴雨发生时天气形势（a）、T-ln$p$ 图（b）、雨量分布（c）和雷达回波（d）**

（2）暖切变型（2011-08-15）

2011 年 8 月 14 日 20 时—15 日 20 时，青岛北部地区出现明显降水，平度、莱西大部有大雨到暴雨。15 日 08 时 500 hPa 副高强度强，588 dagpm 线向北达到 35°N 附近，我国北方地区处于冷涡底部平直西风环流影响，其上多小波动引导弱冷空气南下，在华北地区形成切变线，河北大部和山东位于暖区内，自 850 hPa 至 500 hPa 均有暖脊位于半岛地区，不稳定层次深厚，达到 200 hPa 以上，同时低层没有明显抑制能量，800 hPa 以下为一致湿层，有利于强降水。200 hPa 急流轴在东北地区明显偏北，达到 45°N 以北，主要雨区随之偏北，半岛地区位于雨区南部边界，青岛的主要降水区域也明显集中在北部内陆。雷达组合反射率显示降水的主要系统仍为东北—西南向带状多单体风暴，单体向东北方向缓慢移动，造成暴雨（图 6.12）。

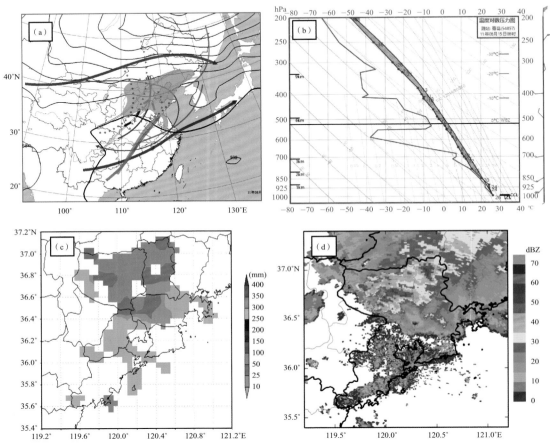

图 6.12　2011 年 8 月 15 日暖区暴雨发生时天气形势（a）、*T-ln**p* 图（b）、雨量分布（c）和雷达回波（d）

（3）副高边缘 I 型（2013-07-09）

2013 年 7 月 8 日 20 时—9 日 20 时，青岛全市出现小到中雨，东北部地区有大雨到暴雨。9 日 08 时 500 hPa 副高呈块状控制我国东南沿海地区，北方地区环流平直，有浅槽东移，山东受到低空槽前西南暖湿气流控制。200 hPa 急流轴位于 40°—45°N，主要雨区位于急流轴南侧、700 hPa 槽前和副高 584 dagpm 线之间。探空显示湿层深厚，自地面向上接近 500 hPa。回波显示有南北向带状回波向东北方向移动，南段回波狭窄，45 dBZ 以上的强回波覆盖范围小，造成降雨较弱，北部强回波范围大，同时呈东北—西南走向，受其影响，莱西出现明显暴雨（图 6.13）。

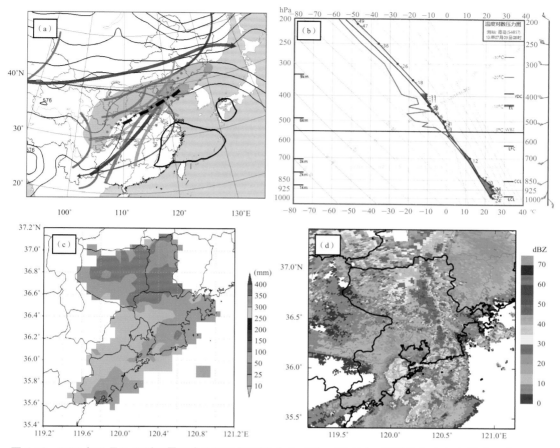

图6.13 2013年7月9日暖区暴雨发生时天气形势（a）、*T*-ln*p*图（b）、雨量分布（c）和雷达回波图（d）

（4）副高边缘Ⅱ型（2011-08-27—2011-08-29）

2011年8月27—29日，青岛连续出现暴雨，从28日08时环流形势可以看出，受南方台风影响，副高位置明显偏北，同时西侧有低槽东移，受副高阻挡停滞于河套以东地区，"西低东高"的形势稳定维持，造成持续性暴雨。山东位于槽前和副高之间的西南暖湿气流内，地面有南北向辐合线位于鲁中地区，200 hPa急流轴也呈南北向位于河北地区，主要雨带呈南北向，位于低空急流左前侧、高空急流轴右侧和地面辐合线两侧。探空同样显示出深厚的湿层和大气不稳定，有利于强降水出现。28日青岛暴雨主要出现在西南地区，回波同样为东北—西南向带状多单体风暴，随副高外围气流向东北移动，明显的"列车效应"造成暴雨（图6.14）。

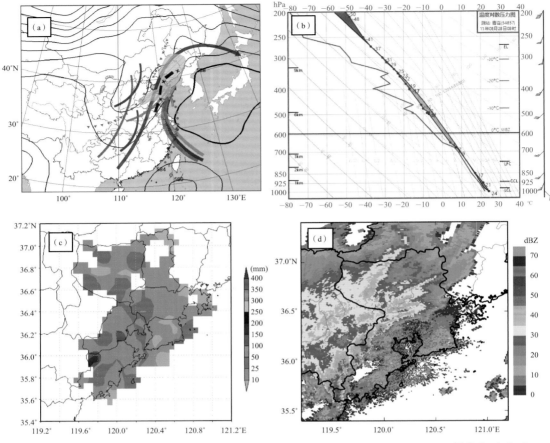

图 6.14　2011 年 8 月 27—29 日暖区暴雨发生时天气形势（a）、*T*-ln*p* 图（b）、雨量分布（c）和雷达回波（d）

6.2.3　崂山山区暴雨

6.2.3.1　崂山山区各站与崂山区气象局站降水对比分析

基于 2010—2018 年的崂山山区气象观测降雨量数据，对比分析崂山山区各站与崂山区气象局站的日降雨量（图 6.15）。从日均雨量分布来看，中东部山区及东部沿海各站多较崂山站偏多，多数站点均较崂山站偏多 10%～40%，其余地区各站则较崂山站偏少 20% 以内。从大雨以上的日均雨量分布来看，除西部及西南部地区与崂山站持平或略低之外，其他地区各站多较崂山站偏多，其中流清河和棉花偏多 20% 以上，中东部山区及东部沿海各站较崂山站显著偏多，基本都偏多 20% 以上，尤其是崂顶、北九水、晓望和太清较崂山站偏多 40%～60%。

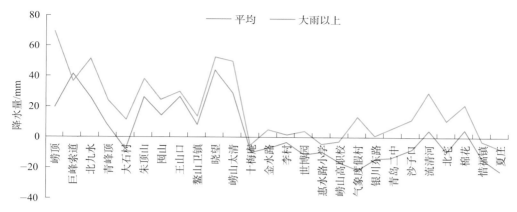

图 6.15   崂山山区各站与崂山区气象局站日降水量对比

6.2.3.2   崂山山区不同山体高度降水日变化特征

受海拔高度、经纬度等的影响，不同区域具有不同的变化趋势。基于 2010—2018 年逐小时降水量数据分析降水日变化特征，选取崂山山区不同山体高度和海陆分布代表站进行分析，分析指标为逐时降水强度、逐时降水频次百分比。对于单个气象站，逐时降水强度为各时次累积降水量除以相应时次累计降水频次。逐时降水频次百分比为降水时次占样本总时次的百分比。由于选取的区域自动气象站数据只有一年中 4—10 月的降水数据，并且崂山山区汛期和非汛期降水特征差异较大，春季 4、5 月降水开始逐渐增加，秋季 10 月雨季结束，降水开始逐渐减少，两个时段降水日变化比较相似，所以选取 4、5、10 月代表非汛期，6、7、8、9 代表汛期，分别进行逐时降水特征分析。

（1）降水强度日变化

从崂山山区逐时降水强度的时刻变化（图 6.16）可以看出，汛期和非汛期逐时降水强度变化特征差异很大。汛期降水强度逐时变化波动性较大，降水强度整体较强，尤其是中东部山区及沿海一带更为显著。全天降水强度大致分为两个主峰值时段：早晨 07—09 时和傍晚 16—18 时，以及三个次峰值时段：夜间 22—23 时、凌晨 02—04 时和下午13—15 时。

山区不同山体高度降水强度日变化也有明显差异，综合来看，山前低层沿海一带降水强度较强时段多出现于凌晨或早晨，次峰值多出现于下午到傍晚；山后和中部山区降水强度较强时段多出现于早晨或傍晚；山顶降水强度较强时段多出现于早晨，次峰值多出现于下午，北部山区降水强度变化则相对较平稳些。

非汛期总体来说降水强度相较汛期整体偏弱，多数站点逐时变化较为平缓，逐时平均降水强度均在 0.5～2.5 mm/h，较强时段多集中于 02—16 时。山顶和东南沿海一带的降水强度日变化波动性较大，但两者都为单峰型结构，降水强度峰值分别出现于 03 时和 06 时，表明春秋季山顶和东南沿海也会出现较强降水，但多出现于凌晨到早晨时段。

（2）降水概率日变化

从崂山山区逐时降水概率的时刻变化（图 6.17）可以看出，汛期和非汛期降水概率均在 15%～35%，数值相差不大。汛期降水概率表现得更为集中，各站点的特征也更为统一，

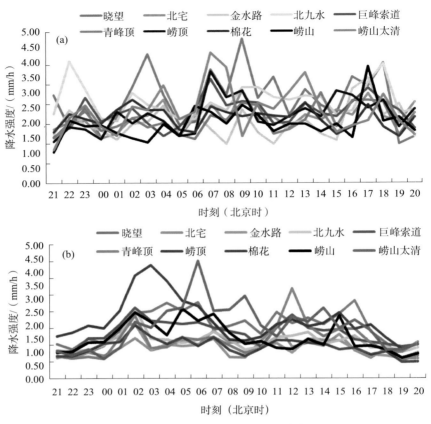

图 6.16　崂山逐时降水强度日变化

(a) 汛期；(b) 非汛期

00—14 时降水概率相对较大，其中 03—11 时最易出现降水，14—00 时降水发生次数较少。非汛期降水概率日变化表现得较为平缓，一天中降水在各时次出现的概率没有特别明显的集中期，降水出现较多时间在 06—10 时，而降水相对较少出现的时间在 13—23 时。汛期降水出现概率较多集中于凌晨到上午时段，非汛期则多在早晨到上午时段。

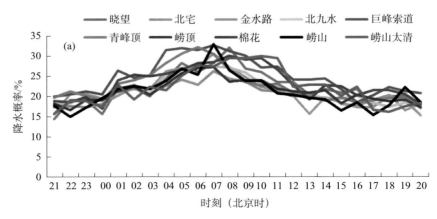

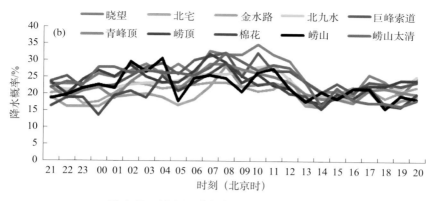

图 6.17 崂山逐时降水概率百分比日变化

6.2.3.3 崂山山区暴雨天气模型

（1）低槽冷锋暴雨天气模型

崂山山区低槽冷锋造成的暴雨主要时段在 7—9 月，因正值汛期高温高湿，冷暖空气剧烈交绥，易出现强降水。低槽冷锋按垂直结构不同分为两类：后倾型和前倾型（图 6.18）。

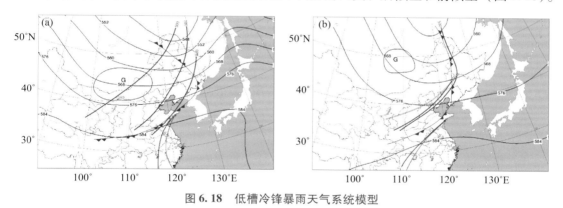

图 6.18 低槽冷锋暴雨天气系统模型

（a）后倾型；（b）前倾型

（2）温带气旋暴雨天气模型

崂山山区温带气旋暴雨多由黄淮气旋和江淮气旋造成，出现于 4—8 月，占总暴雨过程的 15.3%。根据气旋中心的位置预报暴雨落区并不可靠，应着眼于高低空系统的配置、冷暖空气的相互作用研究暴雨落区（图 6.19）。

（3）低涡、切变线暴雨天气模型

崂山山区低涡、切变线暴雨在 4—10 月均有出现，是影响时间最长的暴雨天气系统，主要发生在 7—9 月，尤其 7、8 月有 42.9% 的暴雨过程由低涡、切变线造成，是崂山山区产生暴雨次数最多的天气系统（图 6.20）。

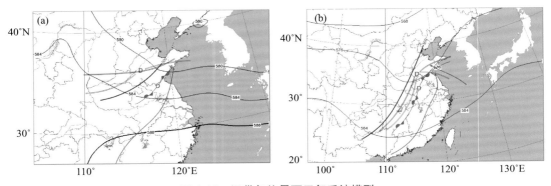

图 6.19　温带气旋暴雨天气系统模型

（a）黄淮气旋 ；（b）江淮气旋

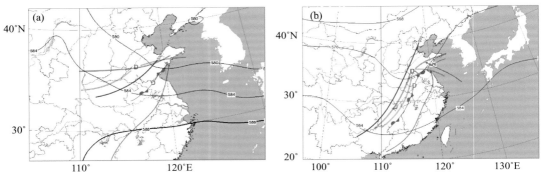

图 6.20　低涡（a）、切变线（b）暴雨天气系统模型

（4）热带气旋及中低纬系统相互作用暴雨天气模型

崂山山区不仅会受到热带气旋直接影响产生暴雨，而且热带气旋远距离及中、低纬度系统相互作用也会对崂山山区有重要影响（图 6.21）。每年直接影响崂山山区的热带气旋并不多，而与其相关的暴雨过程平均每年有 2 次左右，一般出现在 7—9 月。

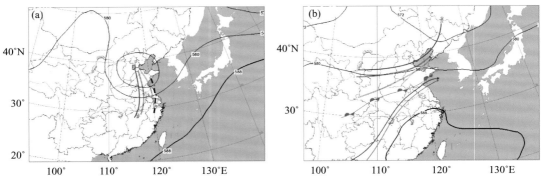

图 6.21　热带气旋（a）及中低纬系统相互作用（b）暴雨天气系统模型

6.2.3.4 崂山山区暴雨影响系统时间分布特征

2005—2018 年崂山山区暴雨主要集中在 7—8 月，占总暴雨日的 64.3%，9 月次之，占 13.3%，其次为 5—6 月，4 月和 10 月最少。

从暴雨影响系统分型（图 6.22）来看，崂山山区的低涡、切变线暴雨最多，占暴雨总日数的 45.9%，其次为热带气旋及中低纬相互作用暴雨，占 25.5%，温带气旋暴雨和低槽冷锋暴雨出现次数大致相当。崂山山区 4—5 月暴雨主要由低涡、切变线和温带气旋造成，10 月暴雨主要由低涡、切变线产生；6—9 月是各类暴雨天气系统的主要影响时段，尤其是低涡、切变线影响次数最多，次之为热带气旋及中低纬相互作用影响造成，尤其是 7—8 月这种特征体现得更为明显。

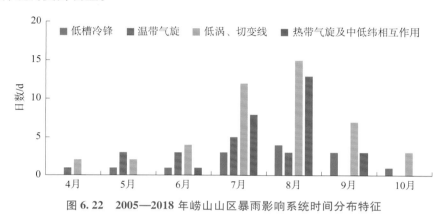

图 6.22 2005—2018 年崂山山区暴雨影响系统时间分布特征

6.2.3.5 不同天气形势背景下崂山地形对强降雨的影响

地形作为一个影响降水的复杂因素，对造成降水的主要天气系统都有不同的影响。地形与降水关系很密切，在同样的天气形势下，迎风坡的降水要比其他地区大，同时地形阻挡也使降水系统移速减慢，雨势延长。

（1）地形对锋面的影响

从崂山山区低槽冷锋型强降雨过程的平均雨量分布（图 6.23a）可以看出，整个山区过程平均雨量多在 30~60 mm，雨量空间分布差异不是特别明显，受山区地形影响，呈从西北内陆向东南山区递增的趋势。东南沿海（太清站）雨量较大，与崂山特殊的海陆分布地形密切相关，冷锋越山后与海陆风环流结合引起的局地对流性强降雨，还有待进一步研究。

（2）地形对气旋（热带气旋、温带气旋）的影响

地形对气旋（热带气旋、温带气旋）也有不可忽视的影响，从崂山山区热带气旋型和温带气旋型强降雨过程的平均雨量分布（图 6.23c、d）可以看出，整个山区过程平均雨量多在 40~110 mm，整体趋势为自西向东递增，但雨量空间分布差异明显，在内陆平缓地形或丘陵一带雨量分布比较均匀，越往东部山区雨量空间分布差异越显著，综合来看，雨量极值中心基本位于山区高峰即崂顶和北九水一带，过程平均雨量可达 100 mm 左右。同时受海陆分布影响，东南沿海和东部沿海的站点虽然地势低，但多受到来自海上的东南急流或偏东风急流的影响，水汽充沛，再加上向岸风的辐合，往往也会出现较大的降雨。

从两种类型天气平均雨量的分布来看，受移动路径的影响，热带气旋型强降雨的覆盖范围略为大些，甚至东北部沿海也会出现较大的降雨，而温带气旋型的强降雨区更集中于东部山区及沿海一带。

（3）地形对切变线系统的影响

当切变线在移动过程中如果遇到了地形的阻挡，往往造成切变线停滞从而引发较强的降水。从崂山山区低涡切变线型强降雨过程的平均雨量分布（图6.23b）可以看出，整个山区过程平均雨量多在 35～65 mm，受山区地形影响，降雨自西向东呈递增的趋势。强降雨多出现于东部山区和东南沿海一带，同样与崂山特殊的海陆分布地形密切相关。

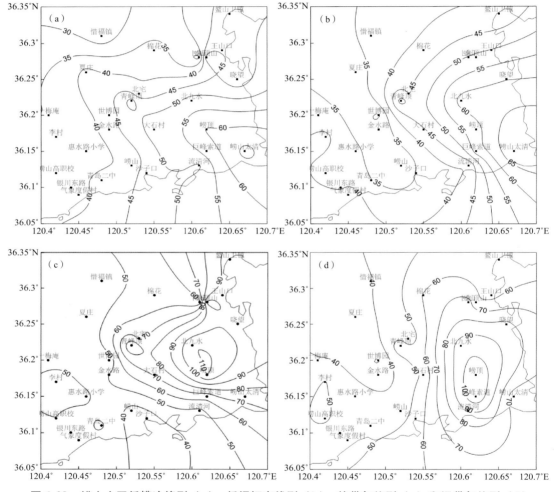

图6.23 崂山山区低槽冷锋型（a）、低涡切变线型（b）、热带气旋型（c）和温带气旋型（d）强降雨过程平均降雨量分布

6.3　青岛秋季暴雨

6.3.1　2017 年两次秋季暴雨天气分析

6.3.1.1　天气实况

受低空急流和北方弱冷空气的共同影响，2017 年 9 月 25—26 日（简称"0926"）及 9 月 30 日至 10 月 1 日（简称"1001"），青岛市出现两次全区性大雨、局地暴雨过程。其中"0926"过程青岛市降水量 31.9 mm，最大降水量崂山太清 94.2 mm。"1001"过程青岛市降水量 43.2 mm，崂山太清出现局地特大暴雨降水量为 209.0 mm。

从降水量上看，青岛这两次局地降水过程都出现了区域性的暴雨点，且都出现在市区、黄岛、崂山、即墨沿海的区域，两次暴雨的最大雨量点具有很高的重复性，在出现局部暴雨的 4 个区域中有三个都是同一个地点，其中最大的降水和最大小时降水量都出现在崂山山脉东部的太清自动气象站，分别为 94.2 mm 和 209.0 mm，9 月 26 日小时最大降水量出现也在太清，为 21.9 mm，而 10 月 1 日的小时最大降水量为 47.1 mm。

6.3.1.2　天气形势

这两次秋季暴雨的过程中，500 hPa 的形势相近，当副热带高压控制华南地区，贝加尔湖为低值系统，且中纬度环流平直，有浅槽活动，低层日本及朝鲜半岛为高压控制时，500 hPa 浅槽的东移带来的弱冷空气激发 850 hPa 在苏北和山东东南部形成低涡环流，从而引起山东半岛青岛地区的局地暴雨。低层的低涡和日本高压的配置有利于向山东半岛长时间持续输送水汽和强烈的辐合产生。特别是 10 月 1 日的低层辐合更加剧烈，造成了崂山东部的太清出现特大暴雨。

6.3.1.3　条件分析

对比两次秋季暴雨的 850 hPa 比湿场和 850 hPa 形势场，可以看到随着低空低涡的东移，850 hPa 比湿的大值区也有一次过境青岛的过程，且最大值超过 12 g/kg，达到了山东地区暴雨产生的水汽条件。辐合和水汽的完美结合是这两次秋季暴雨产生的必要保障。在 850 hPa 风场上，受青岛前部的东南气流影响，强劲的东南气流从海上带来大量的水汽，并源源不断地向青岛地区输送，使该地区集中了足够的水汽，是暴雨产生的水汽条件，低层明显风向切变、风速辐合存在是暴雨产生的动力条件。平直西风环境下产生的秋季暴雨，主要影响山东半岛青岛沿海地区，并且伴有短时强降水和地面大风。

6.3.2　2020 年秋季暴雨天气分析——近十年最晚暴雨

6.3.2.1　天气实况

受气旋影响，2020 年 11 月 17—18 日山东中南部出现暴雨带，青岛市全区普降大雨，莱西、胶州、崂山三个站出现暴雨，是近10 a以来青岛最晚的暴雨。本次过程全省平均降水量46.3 mm，其中大雨86个站、暴雨35个站、大暴雨1个站；青岛市区48.2 mm、崂山57.4 mm、西海岸49.7 mm、胶州58.9 mm、即墨44.3 mm、莱西55.2 mm、平度49.5 mm；即墨区岚西头水文站最大78.0 mm。

6.3.2.2　天气形势分析

此次暴雨过程主要是由高空槽前强劲的西南暖湿急流所致，18日08时，高空槽位于河套地区，中低层有低涡切变，青岛处于低涡右侧，低层西南急流强盛，处于地面气旋倒槽顶部辐合区，暴雨带和中低空急流带在山东境内相吻合。

6.3.2.3　物理量分析

此次过程垂直上升运动以及湿层层次深厚，自地面一直延伸至200 hPa，另外，整层可降水量17日夜间到18日青岛均在35~45 mm，17日20时—18日20时，925 hPa和850 hPa比湿一直维持在8~11.9 g/kg，700 hPa比湿也达到了7.8 g/kg，这在深秋季节是比较少见的（图6.24）。

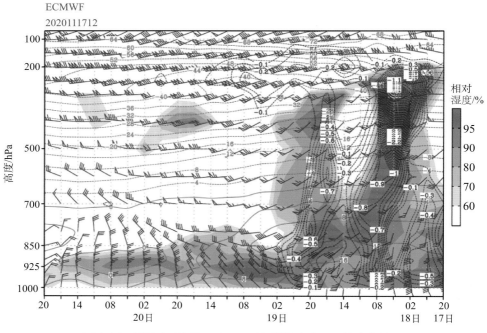

图6.24　2020年11月17日20时起报的青岛3 h综合廓线图

第7章 大风天气特征与预报

大风是青岛市比较常见的灾害性天气。全市冬、春两季的大风主要由强冷空气和寒潮暴发造成，以偏北风为主；夏、秋两季的大风主要由热带气旋和温带气旋造成，以偏南风为主（郭丽娜 等，2022）。强对流天气也是引发青岛大风灾害的重要因素。青岛市区毗邻大海，受来自海上和陆地两个方面天气系统的影响，大风日数明显多于其他各区（市），年平均为40.1 d，最多的年份达76 d，最少的年份16 d。其他区（市）大风日数年平均为 6.5 ~ 13.1 d，最多年份为 20 ~ 35 d，最少年份仅 0 ~ 3 d（青岛市气象局 等，2014）。

7.1 大风的影响系统

7.1.1 地面系统

基于青岛市 14 个站点 2007—2019 年逐小时大风观测数据，将一天（20 时至次日 20 时）内超过 4 个站（约占总站数的 30%）出现 6 级以上（≥10.8 m/s）大风定义为大风日。如果超过 4 个站出现 7 级以上（≥13.9 m/s）大风则定义为强大风日。14 个站点包括 7 个国家气象站（青岛、崂山、黄岛、胶州、即墨、平度和莱西）和 7 个海岛站（灵山岛、竹岔岛、大公岛、大管岛、田横岛、长门岩和朝连岛）。

基于 ERA5 再分析资料的海平面气压场，采用基于环流分型的旋转 T 模态主成分分析（t-mode principal component analysis using oblique rotation，PCT）方法（Huth，1996a，1996b，2000；Huth et al.，2008）对大风进行分型。按照地面天气系统可以分为冷高压型、低压槽型、温带气旋型和台风型四大类（于慧珍 等，2023）。

（1）冷高压型

冷高压型是出现频率最多的大风型，占总大风日数的约 58.9%，对应客观分型的第一类和第二类，两类主要区别是冷高压中心的位置以及冷高压前部低压的强度（图 7.1a、b）。第一类大风的高压中心位于蒙古，第二类大风的高压中心位于内蒙古，青岛位于冷高压的西南象限，风场为偏北风。第一类大风日数为 142 d，占总大风日的 28.7%，其中强大风日 16 d，占此类大风的 11.3%。第二类大风日数为 149 d，占总大风日的 30.2%，其中强大风日 34 d，占此类大风的 22.8%。第二类大风中强大风出现的概率是第一类大风的 2 倍，一方面与高压的位置有关，另一方面与海上低压的强度有关。当冷高压前有气旋或者低压时，气旋或低压与高压形成北高南低或西高东低的地面气压形势，强大风出现的概率增加。

　　冷高压型大风主要出现在冬季,其次是春、秋季,春季最少。冬半年青岛受亚洲冬季风影响,北方冷空气频繁南下,是造成偏北大风的主要原因。大风常出现在冷锋后高压前气压梯度大的地方。

　　冷空气路径分为西路、西北路和北路,按照冷空气影响时偏北大风出现的频率高低,依次为西北路、北路和西路,首先是西北路的冷空气影响时,冷锋过境偏北大风出现的次数最多,大风持续时间较长,强度较强;其次是北路的冷空气影响时;最后是西路的冷空气影响时,偏北大风出现概率较低,大风持续时间短,风力较弱。冷锋前有气旋或者低压时,气旋或低压与冷锋后的高压形成北高南低或西高东低的地面气压形势,这种形势下偏北大风出现的概率比单一的冷锋或气旋影响时高得多。特别是西北路冷锋与江淮气旋相遇,北方冷锋与黄河气旋相遇时,偏北大风出现的概率高达100%,最大风力可达9~12级。

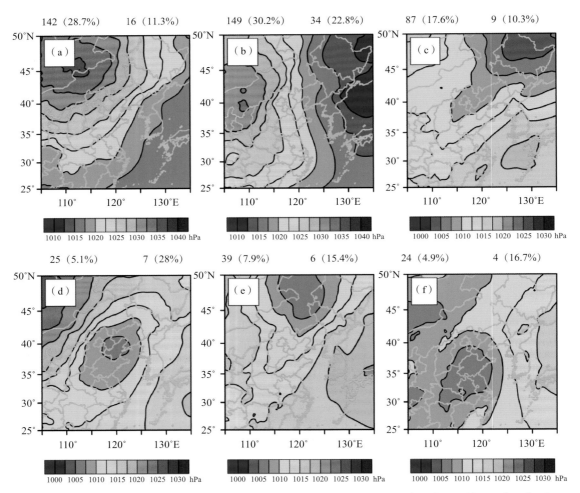

图7.1　大风客观分型的6种类型(a~f对应1~6类;图上面左侧数字代表此类大风的总日数,括号里是此类大风占总大风日数的百分比,右侧数字代表强大风日数,括号里是占此类大风日数的百分比)

（2）低压槽型

低压槽型大风占总大风日数的约 25.5%，对应客观分型的第三类和第五类，两类主要区别是低压中心和低压槽的位置（图 7.1c、e）。第三类低压中心位置比第五类偏西，第三类低压槽是东北—西南向，第五类低压槽更接近南北向。第三类大风日数为 87 d，占总大风日的 17.6%，其中强大风日 9 d，占此类大风的 10.3%。第五类大风日数为 39 d，占总大风日的 7.9%，其中强大风日 6 d，占此类大风的 15.4%。第五类强大风概率比第三类大的原因是第五类大风对应的海上高压强度较强，与低压槽之间形成西低东高的形势。

低压槽型大风主要影响系统为东北气旋。东北气旋是指活动于我国东北地区的气旋，多为蒙古气旋移动到东北平原后改称。蒙古气旋一般产生在高空北支锋区疏散槽前的下方，多发生在蒙古中部和东部。当蒙古气旋东移时，常造成青岛的西南大风。这两类气旋是造成青岛偏南大风的重要天气系统，一年四季都有发生。低压槽型大风主要出现在春季，其次是夏、冬季，秋季最少。当我国东部沿海有变性高压入海时，它与上述两类气旋形成南高北低的偏南大风形势。当入海高压中心在北纬 35° 以南时，青岛吹西南风；当入海高压中心在北纬 35° 以北时，青岛吹东南风；若入海高压控制山东半岛或南部海区时，青岛风力较弱。有时受东北气旋后部的冷锋影响，青岛会出现偏北大风，风力一般超过 7 级，持续时间在 24 h 以内。

（3）温带气旋型

温带气旋型大风占总大风日数的约 10%，对应客观分型的第四类和第六类，两类型主要区别在气旋中心的位置（图 7.1d、f）。第四类气旋中心位于渤海上，第六类气旋中心位于山东与江苏交界。第四类大风日数为 25 d，占总大风日的 5.1%，其中强大风日 7 d，占此类大风的 28%。第六类大风日数为 24 d，占总大风日的 4.9%，其中强大风日 4 d，占此类大风的 16.7%。

第四类大风对应黄河气旋，黄河气旋是指发生在黄河中、下游和渤海的气旋，在 35°~41°N 之间穿越 120°E 东移，经渤海或黄海中北部移向朝鲜半岛。第六类大风对应南方气旋，南方气旋是指发生在淮河流域、两湖盆地和长江下游的气旋，在 30°~35°N 之间穿越 120°E 东移，经黄海或东海北部移向朝鲜半岛。

第四类大风主要出现在春季，其次是冬季，夏季和秋季最少。第六类大风主要出现在夏季，其次是春季和秋季，冬季最少。上述气旋经常与高压结合，在东移时常引起青岛大风。气旋入海前，青岛吹东到东南风；气旋入海后，其后部的冷高压南下，形成北高南低的形势，青岛出现偏北大风。不与高压结合而单独存在的气旋，因其后部无冷空气补充，一般强度弱，多为不发展气旋，入海前后，南北风力都较弱，出现大风概率较低。

（4）台风型

台风型大风占总大风日数的 2.2%。台风影响青岛的时间最早出现在 6 月，最晚出现在 10 月，8 月最多，占影响青岛总台风数量的 45.1%，10 月最少，仅出现 1 次。

影响青岛的八类台风（登陆转向、登陆北上、高纬西进、黄海西折、近海转向、近海北上、登陆填塞和远海影响）当中，近中心最大风速平均为 52.2 m/s，其中远海影响类近中心最大风速平均值最大（风速 68.3 m/s），其次是登陆填塞类（风速 57.0 m/s），高纬西进类最小（风速 45.6 m/s）。给青岛市区带来最具破坏性的大风是登陆北上类，曾使得青岛本站出现风速 25.7 m/s 的最大风和 35.6 m/s 的极大风。登陆转向类的台风通常也能带来 7 级最大风和 9 级的极大风，而且平均大风日数略长于登陆北上类，平均每次过程有 1.8 d 出现 11 m/s 以上的最大风（大风日数按照 CMA-STI 定义的热带气旋大风标准：持续风速 ≥11 m/s，阵风风速 ≥16 m/s）。近海转向类的台风也表现出较大的破坏性，且通常带来连续几天的大风天气。黄海西折、高纬西进和近海北上类带来的大风影响也比较显著（马艳 等，2022）。

分析台风对青岛地区其他区（市）的影响，登陆北上的台风会带来全市范围的最强的风力，胶州、崂山在登陆转向类和高纬西进类型中也出现较大风力，其他类型的台风对这 2 个区（市）影响不是非常显著。平度和莱西作为内陆地区，受到台风大风的影响较小，只有登陆北上类型和个别的高纬西进类型带来大风。

每一类台风影响期间最大风速出现时的风向有所不同。青岛站出现的最大风对应的风向多数为北风，少数为东南风，未出现过西南风。分类来看，登陆北上类型台风的最大风近 60% 为偏东风，25% 为偏北风；登陆转向类和黄海西折类型的台风所带来的大风约 60% 出现在北风时段，约 40% 出现在东风时段。综合青岛地区各站来分析，在风力最大的影响日内，各站的风向基本统一。

7.1.2 高空系统

（1）西风槽冷空气型

地面冷高压型大风对应高空 500 hPa（图 7.2a、b）和 850 hPa（图 7.3a、b）西风槽，青岛位于 500 hPa 高空槽前、850 hPa 西风槽后，上空有明显的冷平流影响。第二类型西风槽的位置比第一类型偏西偏南，850 hPa 0 ℃线位置比第一类偏南，高空等高线的密度大于第一类。

（2）东北低涡型

低压槽型大风对应高空 500 hPa（图 7.2c、e）宽广的西风槽和 850 hPa（图 7.3c、e）低涡西风槽，青岛位于 500 hPa 和 850 hPa 西风槽前。两类型的主要区别是 500 hPa 西风槽的位置和槽前脊的强度，第三类型大风槽宽广，没有明显脊，而第五类型槽脊明显。850 hPa 主要区别是低涡的位置和形态。第三类型大风 850 hPa 低涡位置位于内蒙古和黑龙江交界处，低涡槽较浅，青岛上空受偏西风控制；第五类型大风 850 hPa 低涡位于蒙古东部，低涡槽较深，青岛上空受偏西南风控制。

（3）中纬度低涡型

温带气旋型大风对应高空 500 hPa（图 7.2 d、f）中支槽和 850 hPa（图 7.3 d、f）低涡，青岛位于西风槽和低涡前。两类型的区别是槽和低涡的纬度位置，500 hPa 在 30°~40°N 之间有西风槽，第四类型大风 850 hPa 低涡中心位于华北中部，第六类型大风位于华中北部，西风槽和低涡的位置第四类比第六类偏北。

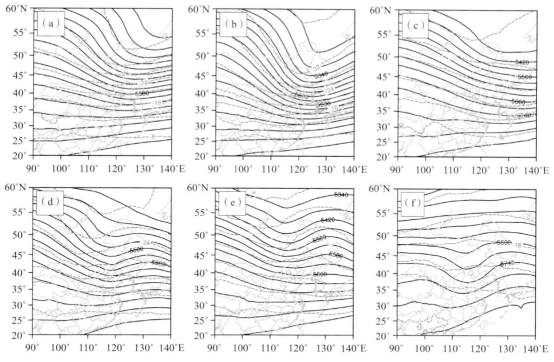

图 7.2　客观分型 6 类大风（a～f 对应 1～6 类）对应的 500 hPa 位势高度场（黑线，间隔 40 gpm）
和温度场（红虚线为负，间隔 4 ℃）

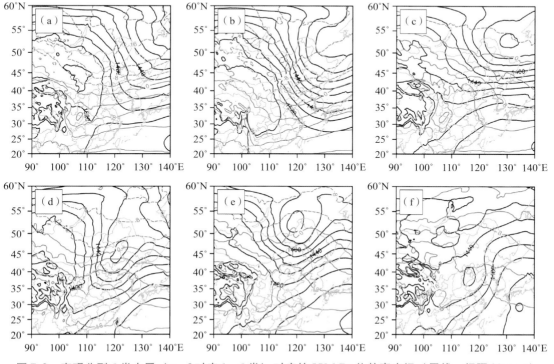

图 7.3　客观分型 6 类大风（a～f 对应 1～6 类）对应的 850 hPa 位势高度场（黑线，间隔 20 gpm）
和温度场（红虚线为负，间隔 4 ℃）

7.2 不同天气型大风成因分析

冷高压型大风主要受冷空气影响，地面冷高压前大的气压梯度、高空冷平流导致的地面气压梯度和变压梯度增强以及动量下传是冷高压型大风产生的原因（韩永清 等，2015）。对于半岛地区，动量下传是西北路冷高压型大风的成因，不是北路冷高压型大风的成因。高空冷平流、地面冷高压和动量下传是西北路冷高压型大风产生的原因。高空冷平流和地面冷高压是北路冷高压型大风产生的原因（图 7.4）。

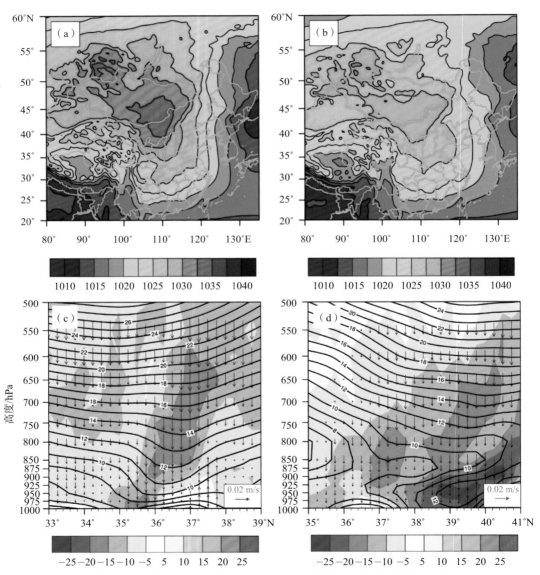

图 7.4 西北路冷高压型（a）大风日和（b）非大风日的海平面气压场（单位：hPa）；
（c）西北路冷高压型和（d）北路冷高压型的大风日沿 120°E 的垂直风场（箭头，单位：m/s）、水平风速（等值线，单位：m/s）和水平温度平流（阴影，单位：10^{-5}℃/s）的垂直剖面图

入海高压配合东北低压,在东北低压槽前形成大的气压梯度,以及高空暖平流造成的地面减压,是低压槽前型大风产生的原因。地面冷高压配合东北低压,在东北低压槽后形成大的气压梯度,以及高空冷平流造成的地面加压,是低压槽后型大风产生的原因(图7.5)。

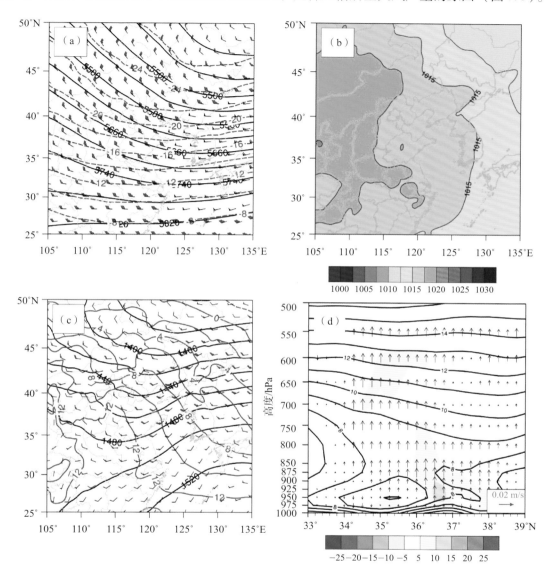

图 7.5 低压槽前型大风日前两日的(a)**500 hPa** 的位势高度场(黑色等值线,单位:**gpm**),温度场
(红色等值线,单位:℃)和风场(风羽,单位:**m/s**)以及(b)海平面气压场(单位:**hPa**);
(c)大风日当日的 **850 hPa** 的位势高度场(黑色等值线,单位:**gpm**)、温度场(红色等值线,
单位:℃)和风场(风羽,单位:**m/s**);(d)大风日沿 **120°E** 的垂直风场(箭头,单位:**m/s**)、
水平风速(等值线,单位:**m/s**)和水平温度平流(阴影,单位:**10⁻⁵℃/s**)垂直剖面图

受西风槽前正涡度平流和暖平流影响,江淮气旋发展并向东北方向移动,在半岛南部地区形成大的气压梯度是江淮气旋型大风产生的原因(图7.6)。

图 7.5 ... 水平温度平流(阴影,单位:10^{-5}℃/s)垂直剖面图

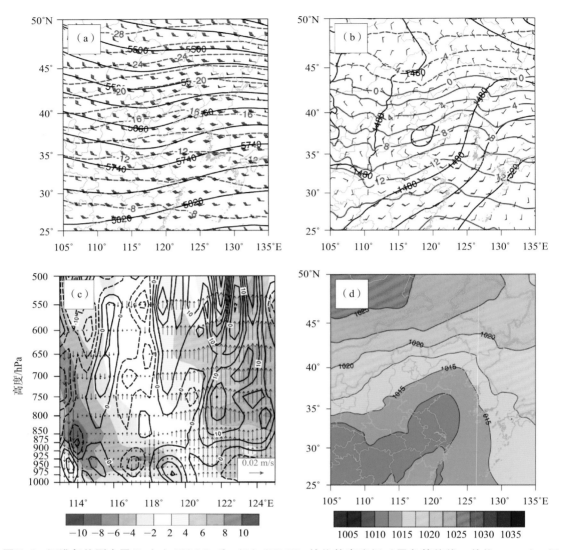

图 7.6　江淮气旋型大风日（a）500 hPa 和（b）850 hPa 的位势高度场（黑色等值线，单位：gpm）、温度场（红色等值线，单位:℃）及风场（风羽，单位：m/s）；（c）沿 36°N 的垂直风场（箭头，单位：m/s）、水平温度平流（阴影，单位：10^{-5}℃/s）和垂直涡度平流（等值线，单位：10^{-10}s^{-2}）的垂直剖面（d）海平面气压场（单位：hPa）

7.3　EC 模式预报误差分析

图 7.7 给出风速平均误差和绝对误差的空间分布，从中可以看出 EC 预报风速较实况全部偏小，且在内陆地区绝对误差较小，在沿海地区误差较大。对风力 3 级以下，EC 预报风速绝对误差主要集中在 2 m/s 左右，对 4～5 级风绝对误差主要分布在 2～4 m/s，6 级以上的预报误差主要集中在 4～10 m/s，实况风速和预报误差呈明显负相关，即实况风速越大，

EC 预报偏小的量值越大。

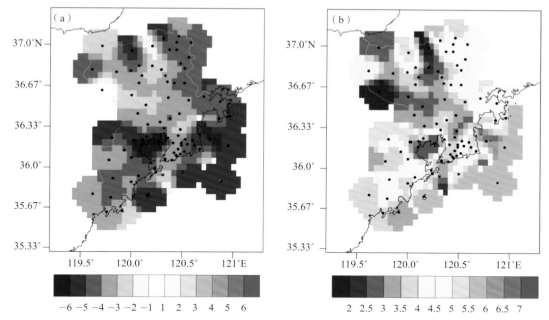

图 7.7　EC 预报青岛区域 **10 m** 高度 **24 h** 内最大风速的平均误差（**a**）和绝对误差（**b**）分布
（单位：m/s；其中黑点为气象观测站点）

　　对于青岛地区，不同类型的大风成因不同，需要关注的重点也不同，但是对于所有天气类型，是否产生大风的主要影响因素是地面高压或低压的强度和位置（于慧珍 等，2023）。对比 EC 预报和实况的海平面气压场，结果显示预报误差主要分布在高压或低压中心附近，且大风日的预报误差明显大于非大风日的，说明 EC 对于较强的地面天气系统预报偏弱，这可能是导致大风预报偏弱的主要原因。比如，对于西北路冷高压型的大风日，EC 预报误差分布在蒙古高压中心略偏北的位置，说明 EC 预报的蒙古高压的强度比实况偏弱，而非大风日高压强度偏弱，EC 预报误差也较小（图 7.8）。

　　以 36 h 的预报场为例（图 7.9），不同类型大风日误差在 2 hPa 以内，随着预报时间的临近，预报误差减小。EC 预报误差与实况风速有明显的负相关关系，14 个站点总的相关系数为 −0.79，海岛站的相关性要高于内陆站，最强相关站点为大公岛（−0.85），说明总体来说实况风速越大，EC 预报偏小的量值越大。对比不同站点的预报误差分布，海岛站的预报误差明显大于内陆站点（图 7.10）。7 个国家气象站中崂山站和胶州站预报平均误差小于0，说明预报的风速比实况偏小。黄岛站平均误差大于0，说明预报的风速比实况偏大。其余四个站点平均误差在 0 附近，说明预报的风速和实况接近。海岛站中除了竹岔岛预报误差大于0，其余 6 个站点预报误差小于0，说明预报风速比实况偏小，平均误差在 3 m/s 左右，最大出现在长门岩，平均误差约 5 m/s。

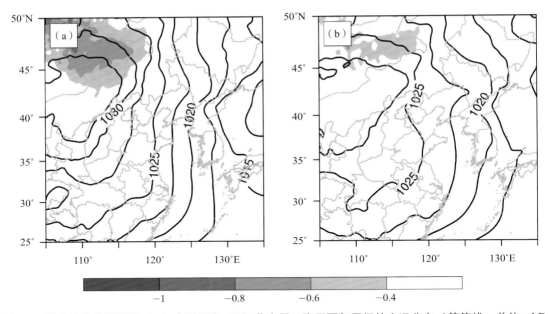

图 7.8　西北路冷高压型的（a）大风日和（b）非大风日海平面气压场的实况分布（等值线，单位：hPa）
和 EC 36 h 预报时效的预报误差（填色，单位：hPa）

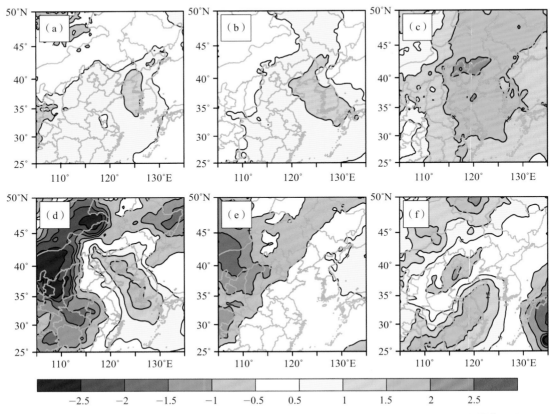

图 7.9　6 类大风（a～f 对应 1～6 类）海平面气压场的预报误差，EC 提前 36 h 预报的气压场
和再分析场的差值（阴影，hPa）

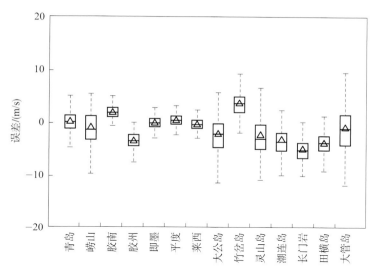

图 7.10　14 个站点大风日风速预报误差分布及 EC 提前 36 h 的预报场和实况的差值

7.4　大风预报经验

（1）当 500 hPa 出现东北冷涡或有横槽转竖的低槽入侵时，而且华北地区 850 hPa 图上有 4 条以上等温线组成的锋区时，青岛地区将产生偏北大风。

（2）五台山站出现 ≥12 m/s 的偏北风，24 h 后山东半岛有 ≥17 m/s 的大风。

（3）地面图上，山东半岛通过一条等压线，风速为 4 m/s，如有 4 条以上等压线穿过半岛，青岛地区将产生大风。

（4）地面冷锋到达中蒙边境附近，锋后冷高压中心气压高于青岛地区气压 13 hPa 以上，本区将产生偏北大风。

（5）济南—青岛地区有 3 条地面等压线，则山东半岛出现 12 m/s 以上大风。

第8章 影响青岛的热带气旋特征

1949—2020 年共有 76 个热带气旋影响青岛（图 8.1、表 8.1），平均每年有 1.06 个，其中 1962 年 4 个，为热带气旋影响最多的年份，无热带气旋影响的年份有 23 a，占研究年份的 30.3%。1949—1973 年是热带气旋影响青岛的高频期，25 a 中有 40 个热带气旋影响青岛，年平均达到了 1.6 个，尤其是 1959—1963 年，有 12 个热带气旋影响，年平均 2.4 个，其后开始明显减少，但在 20 世纪 90 年代前期热带气旋的影响存在略有增多的现象。1995 年以来热带气旋影响仍然较少，1995—2020 年只有 17 个热带气旋影响，年平均 0.7 个，明显少于平均值。1949—2020 年影响青岛的热带气旋个数的减小速率为 1.764 个/（10a），20 世纪 50、60 年代到 70 年代前期热带气旋影响频繁，80 年代和 21 世纪的热带气旋影响明显减少。

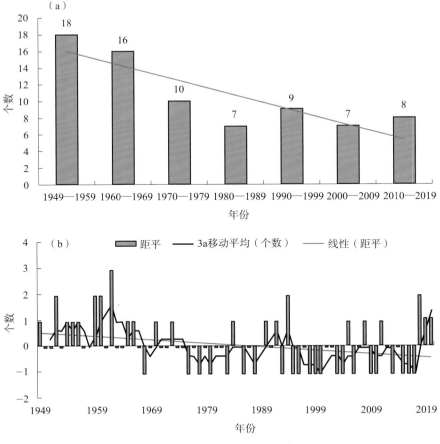

图 8.1　1949—2020 年影响青岛的热带气旋个数序列

（a）年代际变化；（b）逐年变化距平

表8.1　76个影响青岛的热带气旋信息

序号	编号	名称	台风生命史期间		影响青岛地区和近海期间				
			台风中心最低气压/hPa	台风中心最大风速/(m/s)	台风中心最低气压/hPa	最大风速/(m/s)	过程平均降雨量/mm	过程最大降雨量/mm	日最大降雨量/mm
1	4906	Gloria	960	50	978	37.2	(－)	(－)	(－)
2	4908	Irma	980	30	(－)	25.0	(－)	(－)	(－)
3	5010	(－)	983	30	992	12.0	(－)	(－)	(－)
4	5116	Marge	886	90	946	17.0	(－)	(－)	(－)
5	5207	Gilda	985	30	994	19.0	(－)	(－)	(－)
6	5213	Karen	955	50	975	11.0	(－)	(－)	(－)
7	5216	Mary	983	35	984	14.0	(－)	(－)	(－)
8	5310	Nina	895	90	986	17.0	(－)	(－)	(－)
9	5411	(－)	994	25	994	20.0	(－)	52.0	(－)
10	5417	June	901	85	956	13.0	(－)	(－)	(－)
11	5507	Clara	918	75	985	16.0	(－)	180.6	135.0
12	5521	(－)	990	25	995	17.0	(－)	(－)	(－)
13	5612	Wanda	905	90	951	25.0	(－)	56.1	28.1
14	5622	Dinah	970	45	985	20.3	(－)	269.7	269.7
15	5710	Agnes	906	80	944	13.0	(－)	104.1	72.4
16	5901	毕莉	968	45	990	12.0	66.1	103.9	99.5
17	5904	琼恩	885	100	982	12.0	149.3	264.0	199.4
18	5905	鲁依丝	964	60	994	20.0	100.0	120.9	78.2
19	6005	宝莉	950	70	980	18.0	39.0	68.9	34.3
20	6007	雪莉	910	70	992	16.0	17.1	28.1	14.4
21	6014	卡门	975	40	980	18.0	(－)	(－)	(－)
22	6126	蒂达	935	60	988	18.0	4.4	13.5	13.5
23	6205	凯特	967	40	992	22.0	37.5	75.3	41.2
24	6207	娜拉	968	40	975	18.0	14.1	26.7	20.9
25	6208	欧珀	900	75	988	20.0	48.1	64.2	60.6
26	6214	艾美	935	65	982	34.0	39.4	56.0	54.3
27	6306	温迪	924	70	993	24.0	64.0	178.7	73.7
28	6408	芙劳西	980	40	980	14.0	41.9	85.6	85.6
29	6510	哈莉	977	45	995	20.0	104.6	165.6	113.0
30	6513	玛丽	940	75	992	28.0	8.6	17.6	9.3
31	6612	温妮	973	35	994	12.0	0.1	0.2	0.2
32	6615	寇拉	918	65	978	28.0	6.6	11.2	11.2
33	6705	黛特	976	35	989	18.0	40.9	72.8	54.9
34	6911	艾尔西	888	85	1002	17.0	46.9	59.0	44.2

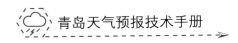
续表

序号	编号	名称	台风生命史期间		影响青岛地区和近海期间				
			台风中心最低气压/hPa	台风中心最大风速/(m/s)	台风中心最低气压/hPa	最大风速/(m/s)	过程平均降雨量/mm	过程最大降雨量/mm	日最大降雨量/mm
35	7003	(一)	992	20	996	13.0	23.4	37.0	37.0
36	7008	毕莉	945	55	949	14.0	143.3	189.7	150.7
37	7123	贝丝	905	65	995	21.0	65.0	104.5	91.2
38	7203	莉泰	911	65	970	25.0	41.3	52.3	31.1
39	7303	毕莉	917	65	965	24.0	50.5	93.6	74.0
40	7308	艾瑞丝	972	40	980	13.0	17.7	49.5	49.2
41	7416	(一)	980	30	980	27.0	7.5	25.5	13.4
42	7504	婀拉	970	40	992	10.7	195.0	308.6	208.6
43	7708	宝佩	906	70	930	27.0	11.6	24.4	19.0
44	7909	欧文	955	40	970	22.0	0.2	0.7	0.7
45	8114	艾妮丝	949	45	955	28.0	4.7	10.3	9.1
46	8211	西仕	917	60	980	27.0	3.7	11.3	11.3
47	8406	艾德	947	55	989	17.0	44.8	87.1	63.3
48	8411	裘恩	980	30	990	21.0	41.1	73.5	44.2
49	8509	玛美	980	35	981	25.7	317.1	430.8	159.2
50	8707	亚力士	970	35	992	17.0	3.6	5.6	4.2
51	8923	薇拉	980	30	998	14.3	4.0	7.1	6.5
52	9005	欧菲莉	965	40	995	11.0	42.1	84.0	68.0
53	9015	埃布尔	955	45	985	13.3	17.9	24.7	20.2
54	9112	葛拉丝	975	30	985	10.0	19.5	41.0	25.9
55	9216	宝莉	975	35	978	24.0	118.5	146.7	133.5
56	9219	泰德	975	35	985	16.0	2.8	9.6	9.6
57	9406	Tim	935	55	992	12.4	1.4	2.5	2.3
58	9414	道格	935	50	985	10.6	73.7	120.0	86.7
59	9415	爱丽	960	40	985	15.1	26.9	39.0	38.1
60	9711	温妮	920	60	980	16.0	242.3	481.8	303.5
61	0108	桃芝	965	40	993	14.7	186.8	232.6	219.1
62	0209	风神	925	55	1002	11.3	40.6	41.2	26.7
63	0509	麦莎	950	45	995	28.5	89.6	138.4	120.3
64	0515	卡努	945	50	995	23.4	69.8	106.7	83.4
65	0713	韦帕	935	55	950	28.2	175.8	245.6	203.7
66	0807	海鸥	975	33	985	18.6	99.7	182.3	92.9
67	0808	凤凰	955	45	995	17.5	19.4	63.9	54.1
68	1105	米雷	975	30	975	21.8	33.6	55.5	52.8

续表

序号	编号	名称	台风生命史期间		影响青岛地区和近海期间					
			台风中心最低气压/hPa	台风中心最大风速/(m/s)	台风中心最低气压/hPa	最大风速/(m/s)	过程平均降雨量/mm	过程最大降雨量/mm	日最大降雨量/mm
69	1109	梅花	915	65	970	25.8	19.4	26.8	25.8
70	1210	达维	960	40	988	31.9	74.8	136.6	136.6
71	1410	麦德姆	955	42	992	31.4	188.9	306.6	240.8
72	1810	安比	980	28	990	29.7	54.7	114.2	114.2
73	1814	摩羯	980	28	992	27.1	20.0	44.3	44.3
74	1818	温比亚	982	25	990	29.3	64.7	127.8	127.8
75	1909	利奇马	915	62	970	38.0	84.9	142.5	136.7
76	2008	巴威	950	45	950	15.7	66.3	185.7	177.6

热带气旋影响青岛的时间最早出现在 6 月，最晚出现在 10 月，8 月最多，占影响青岛总热带气旋数量的 45.1%，10 月最少，仅出现 1 次。1949 年以来分别有 6007 号"雪莉"、8509 号"玛美"、0108 号"桃芝"和 1909 号"利奇马"4 个热带气旋在青岛登陆。登陆青岛的 4 个热带气旋均出现在 8 月，其中 8 月上旬占总数的 75%。

8.1　热带气旋路径特征

依据《热带气旋年鉴》中热带气旋的分类原则，把影响青岛地区的热带气旋个例按照移动轨迹分类。热带气旋路径分类依据 3 个标准：第一个是以热带气旋路径转向方向不同，将转向后向西或西北方向移动的热带气旋定义为西折类；第二个是以 30°N 为界，在其以南转向东北方向移动的热带气旋定义为转向热带气旋，在 30°—35°N 之间转向东北方向移动的热带气旋定义为北上热带气旋，将在 35°N 以北转向或继续向西北方向移动的热带气旋定义为高纬西进热带气旋；第三个是以 125°E 为界，将进入中国沿海地区而未登陆的热带气旋分为近海热带气旋和远海热带气旋。综上所述，将热带气旋个例分为 8 类，分别为登陆转向、登陆北上、高纬西进、黄海西折、近海转向、近海北上、登陆填塞和远海影响（图 8.2、图 8.3）。

登陆转向（A）：源地多集中在菲律宾以东洋面，向西北方向移动，其通道与台风 48 h 警戒线的交点为（132°E，25°N）和（128°E，10°N），与 24 h 警戒线的交点为（127°E，27°N）和（122°E，19°N），在厦门与上海之间登陆，之后在 30°N 以南转向东北方向移动，经江苏省入海，在威海成山头以南继续东北行，通道最南至朝鲜半岛南端。

登陆北上（B）：源地多集中在菲律宾以东洋面，向西北方向移动，其通道与台风 48 h 警戒线的交点为（132°E，24°N）和（130°E，13°N），与 24 h 警戒线的交点为（127°E，28°N）和（122°E，19°N），通道略窄于登陆转向类，在厦门与上海之间登陆，之后北上并多在 33°N 以北转向东北方向移动，穿过山东省在威海成山头以北继续东北

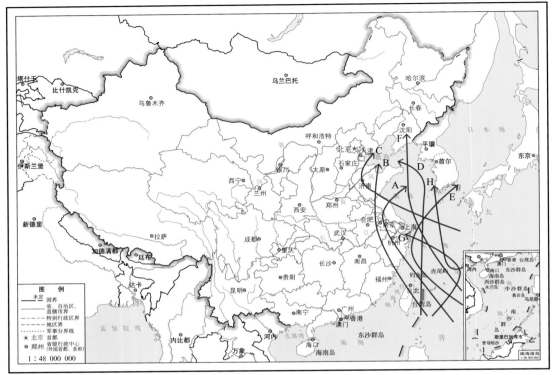

图8.2　影响青岛的热带气旋路径示意图

（A 登陆转向；B 登陆北上；C 高纬西进；D 黄海西折；E 近海转向；F 近海北上；G 登陆填塞；H 远海影响）

行，通道最南至38°N线附近。

高纬西进（C）：大多数此类气旋源地明显偏北，在较高纬度向西北行进，其通道与台风48 h警戒线的交点为（132°E，31°N）和（132°E，15°N），与24 h警戒线的交点为（127°E，34°N）和（127°E，22°N），在大连以西和连云港以北继续向西北方向移动。

黄海西折（D）：源地多集中在菲律宾以东洋面，向西北方向移动，其通道与台风48 h警戒线的交点为（132°E，19°N）和（130°E，13°N），与24 h警戒线的交点为（127°E，22°N）和（124°E，20°N），通道较窄，进入24 h警戒线后在125°E以西范围内向北或东北转向，到达黄海后再转向西北移动。

近海转向（E）：源地多集中在菲律宾以东洋面，向西北方向移动，其通道与台风48 h警戒线的交点为（132°E，22°N）和（132°E，15°N），与24 h警戒线的交点为（127°E，30°N）和（127°E，22°N），在122°E以东和127°E以西北上并在30°N以南转向东北方向移动，其东北行通道位于38°N线与济州岛之间。

近海北上（F）：与近海转向类相似，源地多集中在菲律宾以东洋面，向西北方向移动，其通道与台风48 h警戒线的交点为（132°E，30°N）和（132°E，15°N），与24 h警戒线的交点为（127°E，33°N）和（127°E，23°N），比近海转向类明显偏北，在122°E以东和125°E以西北上，其北上通道位于我国沈阳和朝鲜平壤之间。

登陆填塞（G）：源地偏东，向西北方向移动，其通道与台风48 h警戒线的交点为

（132°E，22°N）和（130°E，13°N），多在温州到上海一带登陆，之后向西或西北移动并逐渐填塞消失，其西行通道位于郑州到长沙之间。

远海影响（H）：北上的路径偏东，其通道与台风 48 h 警戒线的交点为（132°E，28°N）和（132°E，18°N），明显偏北，多在 125°E 以东和 130°E 以西的通道中北上，之后向东北移动，并通常在韩国首尔以东的沿朝鲜半岛北上。

对青岛造成影响的热带气旋中，登陆转向和登陆北上的台风最多，共占 47.9% 。登陆北上类的 56% 出现在 7 月，38% 出现在 8 月；登陆转向类的 61% 出现在 9 月，其他月份出现较少；高纬西进类的个例全部出现在 7—8 月；近海北上类的 80% 出现在 8 月；近海转向类的 86% 出现在 8 月。由此可大致归纳出，7 月影响青岛的热带气旋以登陆北上类型为主，9 月影响青岛的热带气旋以登陆转向类型为主，8 月各类型热带气旋都可能出现，以登陆北上、近海转向和高纬西进类居多。

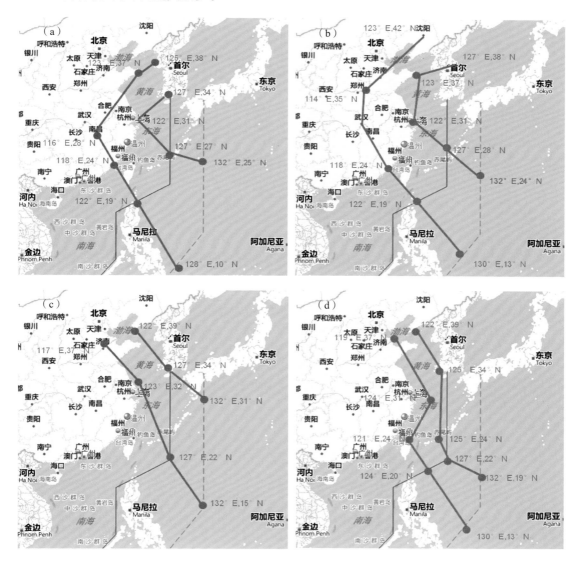

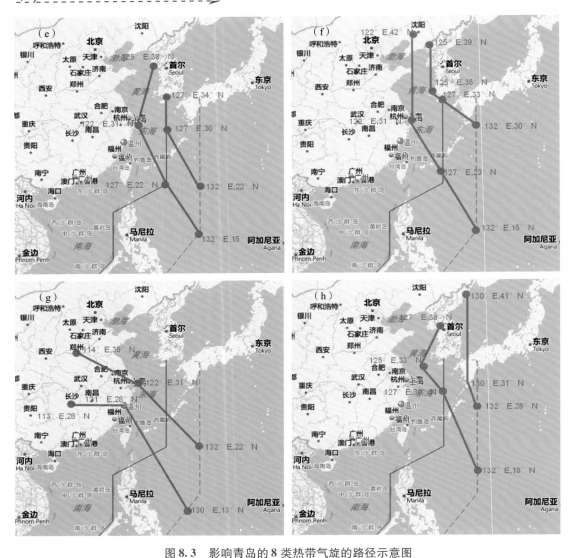

图 8.3　影响青岛的 8 类热带气旋的路径示意图

（a）登陆转向；（b）登陆北上；（c）高纬西进；（d）黄海西折；（e）近海转向；（f）近海北上；

（g）登陆填塞；（h）远海影响

8.2　热带气旋强度特征

1949—2020 年影响青岛的热带气旋共有 30 个（41.5%）达到超强台风级别，13 个（13.5%）为强台风级别，19 个（26.6%）是台风级别。影响青岛的热带气旋多集中在台风以上级别，其中登陆北上类、登陆转向类、登陆填塞类、远海影响类和黄海西折类 5 类路径的热带气旋强度有 60% 以上集中在强台风以上级别（图 8.4、表 8.2）。热带低压和热带风暴无论什么路径都较难影响到青岛。登陆青岛的 4 个热带气旋中，登陆时为热带风暴级的分别是 6007 号和 1909 号台风，8509 台风是以强热带风暴级别登陆的，0108 号台风登陆青岛时已减弱为热带低压。

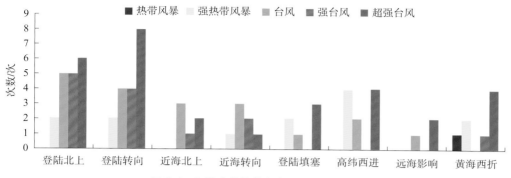

图 8.4　8 类路径热带气各强度出现频数

表 8.2　8 类热带气旋各级强度百分比（%）

分类	热带低压	热带风暴	强热带风暴	台风	强台风	超强台风
登陆北上	0.0	0.0	11.1	27.8	27.8	33.3
登陆转向	0.0	0.0	11.1	22.2	22.2	44.4
近海北上	0.0	0.0	0.0	50.0	16.7	33.3
近海转向	0.0	0.0	14.3	42.9	28.6	14.3
登陆填塞	0.0	0.0	33.3	16.7	0.0	50.0
高纬西进	0.0	0.0	40.0	20.0	0.0	40.0
远海影响	0.0	0.0	0.0	33.3	0.0	66.7
黄海西折	0.0	12.5	25.0	0.0	12.5	50.0
平均	0.0	1.6	16.9	26.6	13.5	41.5

影响青岛的热带气旋个例中心最低气压变化在 885～994 hPa，平均 946.7 hPa，其中远海影响类最低气压平均值最低，近海北上类最高。近中心最大风速平均为 52.2 m/s，其中远海影响类近中心最大风速平均值最大（68.3 m/s），其次是登陆填塞类（57.0 m/s），高纬西进类最小（45.6 m/s）。

8.3　热带气旋对青岛的风雨影响

统计了 1961—2020 年共 52 次热带气旋影响青岛地区的单站最大过程降水量（图 8.5、表 8.3）。由分析可知，最大过程降水量变化很大，单站最大过程降水量最多达到 481.8 mm，最少仅有 5.6 mm。其中登陆北上类带来的单站最大过程降水量较大，平均值达到 182.5 mm，近海转向类带来的单站最大过程降水量较小，平均仅有 18.5 mm。8 类路径热带气旋带来的单站最大过程降水量分级统计表明，登陆北上类、登陆转向类、近海北上类、高纬西进类、黄海西折类这 5 类热带气旋带给青岛地区的单站最大过程降水量有一半以上超过暴雨量级。其中带来降水最强的是登陆北上类，单站最大过程降水量有 92.9% 集中在暴雨以上量级，大暴雨以上量级占 71.4%；近海转向类和远海影响类带来降水较小，单站最大过程降水量都在大雨量级以下。

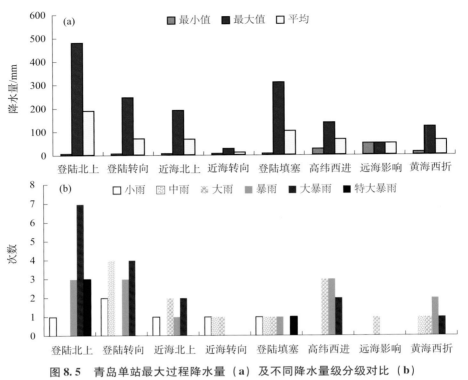

图8.5 青岛单站最大过程降水量（a）及不同降水量级分级对比（b）

表8.3 8类热带气旋路径对应的降水量最大值和全市平均值

单位：mm

路径类别	最大日降水量			最大过程降水量		平均过程降水量	
	全市平均	各站	青岛站	全市平均	青岛站	全市	青岛站
登陆北上	167.6	303.5	219.1	317.1	266.4	118.4	108.0
登陆转向	145.1	203.7	164.0	175.8	211.1	44.8	57.0
登陆填塞	103.9	208.6	91.5	195.0	156.1	62.3	62.1
近海北上	77.6	150.7	67.6	143.3	139.0	46.3	41.9
高纬西进	74.8	136.6	67.0	74.8	72.8	38.5	35.0
黄海西折	56.1	86.7	39.3	73.7	46.1	37.0	26.9
近海转向	7.9	20.9	20.9	14.1	21.8	4.9	7.3
远海影响	5.6	20.5	3.2	9.2	4.4	17.7	4.4

就日降水量分析，登陆北上类的气旋对青岛全市都影响最大，其次是登陆转向类、登陆填塞类，近海转向类和远海影响类的影响较小。登陆北上类个例中，平均每个过程全市有6.7个日降水量大于50 mm的记录，其中大于100 mm的有3.1个；登陆转向类个例中，平均每个过程全市有1.6个日降水量大于50 mm的记录，其中大于100 mm的有0.5个。登陆北上类的热带气旋造成的日降水量相比其他路径类别影响是尤为显著的。就过程降水量分析，同样是登陆北上类的气旋对青岛全市影响最大，其次是登陆填塞类、登陆转

向类。

分析各站平均过程降水量（图略），登陆北上类的热带气旋造成青岛地区过程降水量最大的是在即墨、黄岛、胶州，其次依次是崂山、莱西、青岛、平度，且各站过程降水量都大于 100 mm；当登陆转向类的热带气旋影响时，降水量最大的是青岛、黄岛；当登陆填塞类的热带气旋影响时，最大的则是崂山、即墨；而近海北上类的热带气旋造成的过程降水量最大的是即墨。另外，高纬西进类对黄岛影响较大，而黄海西折类对莱西、平度影响较大。

总之，有热带气旋影响青岛地区时，即墨、黄岛、崂山、青岛等沿海地区相对其他内陆地区，过程降水量更大，日降水量也更大。

8.4 登陆青岛热带气旋特征

1949—2020 年分别有 4 个热带气旋登陆青岛，分别为 6007 号"雪莉"、8509 号"玛美"、0108 号"桃芝"和 1909 号"利奇马"。其中，6007 号台风是 1960 年登陆我国最强的台风，先后在台湾宜兰（7 月 31 日 21—22 时（北京时，下同）、福建连江（8 月 1 日 20时）、山东青岛（8 月 5 日 03—04 时）三次登陆。8509 号台风于 1985 年 8 月 18 日 12 时在江苏启东首次登陆，19 日早晨 09 时在青岛胶南第二次登陆，穿过山东半岛进入渤海，19日19—20 时在辽宁大连第三次登陆。0108 号台风于 2001 年 7 月 28 日 14 时在台湾花莲县秀姑峦溪口登陆，30 日 20 时在福州附近第二次登陆，8 月 1 日 20 时左右在青岛附近再次登陆。1909 号台风于 2019 年 8 月 10 日凌晨（01:45）在浙江省温岭市第一次登陆，11 日 20:50 再次在青岛市黄岛区沿海登陆。

8.4.1 登陆青岛热带气旋的统计特征

统计分析表明，登陆山东的热带气旋主要集中在 7 月中旬至 7 月下旬，其中 7 月下旬最多，占总数的 40%；最早登陆山东的热带气旋出现在 6 月下旬，最晚登陆出现在 9 月中旬（高晓梅 等，2018）。登陆青岛的 4 个热带气旋均出现在 8 月，其中 8 月上旬占总数的75%。1949 年以来 4 个在青岛登陆的热带气旋中，6007 号为登陆转向类路径，8509、0108和 1909 号热带气旋均为登陆北上类路径（图 8.6）。

4 个登陆热带气旋给国家基本气象站青岛、崂山、黄岛、即墨、胶州、平度和莱西站带来的降水如表 8.4 所示。强热带风暴 8509 号台风"玛美"带来的降水量最大，0108 号台风"桃芝"虽是以热带低压登陆青岛，其所带来的降水量远大于以热带风暴级别登陆的"利奇马"。热带风暴级的 6007 号台风"雪莉"却没有给青岛地区带来明显的风雨影响，是一个干台风。这也说明了台风登陆时所带来的降水影响受诸多因素影响，和台风登陆时的强度并不存在简单的线性关系。热带气旋强度、背风坡还是迎风坡、冷空气入侵热带气旋的外围还是中心、陆地水汽状况以及台风及其倒槽影响时间长短都是影响台风降水强度的因素。

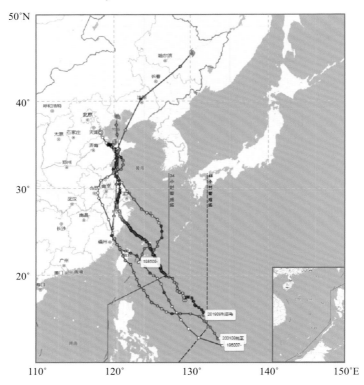

图 8.6　1949—2020 年登陆青岛台风路径

表 8.4　登陆台风影响下 7 个国家基本气象站降水量统计　　　　　　　　单位：mm

站点	6007 号"雪莉"	8509 号"玛美"	0108 号"桃芝"	1909 号"利奇马"	平均
青岛	0.0	266.4	232.6	54.1	138.3
崂山	14.9	317.2	164.5	60.3	139.2
即墨	12.2	328.9	188.5	110.9	160.1
胶州	9.2	305.6	219.7	51.8	146.6
黄岛	16.5	430.8	193.2	86.9	181.9
平度	28.1	287.4	198.7	147.7	165.5
莱西	20.5	283.1	110.7	93.6	127.0
区域平均	14.5	317.1	186.8	86.5	151.2

从这 7 个站点降水量分布来看，4 个登陆热带气旋带来的平均降水量在黄岛站最大，达到了 181.9 mm，其次是平度、即墨、胶州、崂山和青岛站，莱西站最小。从地理位置来看，青岛、崂山和黄岛位于南部沿海地区，受台风倒槽和低压环流影响更加直接；处于北部内陆地区的平度和莱西以及中部的即墨和胶州则更易受到台风倒槽和西风槽的相互作用影响。台风和中低纬天气系统相互作用是青岛夏季降水的主要影响形势。对于台风低压环流系统，青岛站所处的主城区近地面层主导风向通常为东风或东北风，黄岛位于其下风向和迎风面；而对于有冷空气侵入影响的西风槽系统，近地面层主导风向通常为南风或西南风，即

墨则位于主城区的下风向和迎风面。多个研究（Sherpard et al.，2002；吴风波 等，2011；李书严 等，2011）表明，随着城市化进程加快，强降雨向山前迎风区、主城区及城区下风侧集中；城市下风方的降水远大于上风方的降水；城市热岛的影响是影响降水分布不均的主要原因。在考虑天气系统和地形的影响之外，这可能是登陆台风带来的降水在黄岛和即墨站较大，在青岛站相对较小的原因之一。但是关于台风降水和城市热岛之间的关系以及城市热岛的气候学效应还需进一步探讨。

8.4.2　登陆青岛热带气旋的环流特征

4 个登陆热带气旋的大尺度环流形势，如图 8.7 所示，在中高纬地区除 0108 号台风为两槽两脊外，其余 3 个热带气旋都表现为一槽一脊型，并且以纬向环流占优势；贝加尔湖—鄂霍次克海一带上空的高压脊偏弱，冷空气以东移为主，有利于影响山东半岛地区。西北太平洋副热带高压主体维持在我国东部沿海上空，西伸脊线在 30°—36°N 之间摆动。副热带高压的强度表现为正距平，均是较常年（1981—2010 年）偏强，利于低空暖湿气流向北输送，也有利于西风槽的维持和南压影响；冷空气也都是较常年偏强。

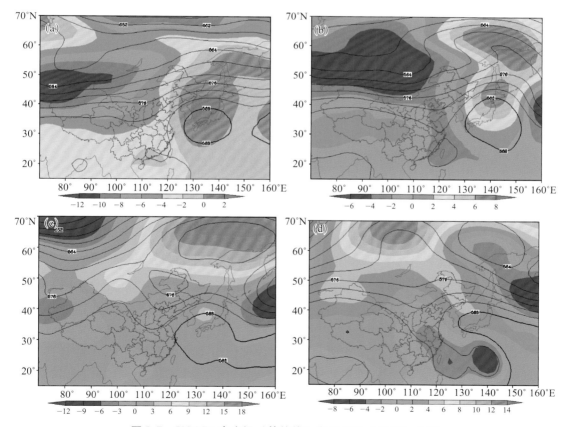

图 8.7　500 hPa 高度场（等值线）和距平场（阴影）分布

（a）1960 年 7 月 29 日—8 月 6 日；（b）1985 年 8 月 14—20 日；（c）2001 年 7 月 25 日—8 月 2 日；

（d）2019 年 8 月 4—13 日（单位：dagpm）

副热带高压主要体现在 6007、8509 号台风的块状分布和 0108、1909 号台风的带状分布的差异性。副高块状分布的 6007 和 8509 号台风的差异性反映在 8509 号台风副高强度更强、脊线在 35°N 附近，更偏北一些，面积指数也是大于 6007 号台风的。再者，6007 号台风影响时副热带高压中心更加偏东，强度偏弱，584 dagpm 线向西伸展到 120°E 附近，青岛位于其外围，西南气流输送暖湿水汽明显弱于 8509 号台风过程来自副高南部暖湿洋面东南气流的输送。0108 号台风是副高中心较偏西，脊线维持在 32°N 附近；1909 号台风期间副热带高压中心位置明显偏东，脊线在 36°N 附近，也是反映出了西南暖湿气流和东南暖湿气流向北输送影响青岛地区的差异。

另外，冷空气影响青岛的强度也存在明显差异。6007 号台风影响期间西风环流较为平直，冷空气主体位于贝加尔湖以西，青岛位于槽前，没有明显冷空气渗入；8509 号台风则表现出明显西风槽活动特征，青岛位于槽底。0108 号台风影响期间青岛处于西风槽前，短波槽活动频繁，冷暖空气的结合度较好；1909 号台风影响期间北方冷空气对鲁西北、鲁中一带影响明显，青岛地区，尤其是南部沿海地区处在冷空气影响的相对薄弱区。由于资料的限制，比较了 8509 号台风"玛美"、0108 号台风"桃芝"以及 1909 号台风"利奇马"在台风登陆期间青岛站 850 hPa 和 500 hPa 高度 12 h 和 24 h 气温变化情况，如图 8.8 所示。台风"玛美"登陆期间，500 hPa 和 850 hPa 高度上气温分别下降了 2 ℃和 2.6 ℃，下降幅度最大；台风"桃芝"无论是 12 h 还是 24 h 气温下降都是 850 hPa 高度上的大于 500 hPa 的，0108 号台风冷空气在其中低层侵入最强；影响青岛的冷空气强度 1909 号台风期间最弱。综合环流形势和气象要素的变化，8509 号台风"玛美"期间冷空气对青岛的影响势力最强。

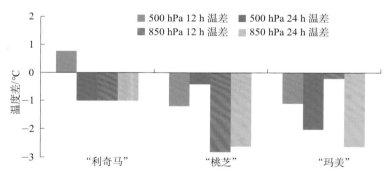

图 8.8　台风登陆期间 850 hPa 和 500 hPa 高度 12 h 和 24 h 温度差

利用 NERA-GOOS 海温资料，分析 8509、0108 和 1909 号台风登陆期间青岛沿海海域海温分布特征（图略）。分析可知，在台风登陆期间青岛沿海海域均表现出了 27 ℃以上的暖洋面，为台风北上在青岛登陆维持一定的强度提供了必要条件，并且在 2001 年台风"桃芝"和 2019 年台风"利奇马"登陆期间更是有大范围海水温度高于 28 ℃的暖洋面存在。暖湿的海洋下垫面与低层大气进行热量交换，在一定的动力条件配合下，利于大量降水的产生。上述关于 4 个登陆青岛热带气旋期间副热带高压的位置和强度、冷空气的强弱特征等分析，较好地反映出了在热带系统的影响下，8509 号台风对青岛地区带来的降水量最大，6007 号台风带来的降水量最小的原因。

8.5　热带气旋影响级别划分

综合上述降雨、大风统计及影响青岛的热带气旋的强度分析，如果一个热带气旋生命史中的最强阶段在强热带风暴级别以上，并且进入上述8个路径定义区，则按照各个路径类型的热带气旋对青岛地区的影响的不同，可分为三个影响级别（表8.5）：高影响级别（登陆北上类），预计会给青岛市带来90～150 mm（比历史平均±30 mm）的过程降水量以及36 h左右的7级大风，市区阵风可达10级，需要做好防范特大暴雨和12级阵风的准备；中影响级别（登陆转向类、高纬西进类、黄海西折类、近海北上类、登陆填塞类），青岛市过程降水量大概是20～90 mm，市区有6～7级的大风，阵风8级，需要做好防范大暴雨和10级阵风的准备；低影响级别（近海转向类、远海影响类），青岛地区降水不明显，但是沿海及山区会有6～7级阵风8级的东北或东南大风。

表8.5　不同影响级别的降雨量及风力等级预测

风险等级	全市		市区	
	平均过程降雨量/mm	最高防范	最大风力/级	阵风/级
高影响级别	90～150	200～300 mm 降水量、12级阵风	7	10
中影响级别	20～90	100～200 mm 降水量、10级阵风	6～7	8
低影响级别	0～20	20～25 mm 降水量、9级阵风	6	8

白慧，张苏平，丁作蔚，2010. 青岛近海夏季海雾年际变化的低空气象水文条件分析——关于水汽来源的讨论 [J]. 中国海洋大学学报，40（12）：17 - 26.

曹钢锋，张善君，朱官忠，等. 1988. 山东天气分析与预报 [M]. 北京. 气象出版社.

陈东辉，尚子微，宁贵财，2017. 环渤海地区雾天气分型及预报方法 [J]. 气象，43（1）：46 - 55.

陈玥，谌芸，陈涛，等，2016. 长江中下游地区暖区暴雨特征分析 [J]. 气象，42（6）：724 - 731.

丛春华，吴炜，孙莎莎，2016.1949—2012 年影响山东地区热带气旋的特征 [J]. 气象与环境学报，32（5）：67 - 73.

刁秀广，孟宪贵，等，2015. 源于飑线前期和强降雨带后期的弓形回波雷达产品特征及预警 [J]. 高原气象，34（5）：1486 - 1494.

傅刚，李鹏远，张苏平，2016. 中国海雾研究简要回顾 [J]. 气象科技进展，6（2）：20 - 28.

高荣珍，李欣，任兆鹏，2016. 青岛沿海海雾决策树预报模型研究 [J]. 海洋预报，33（4）：80 - 87.

高荣珍，李欣，时晓曚，2018. 基于 WRF 模式的青岛近海能见度算法比较研究 [J]. 海洋气象学报，38（2）：28 - 35.

高晓梅，江静，刘畅，等，2018. 近 67a 影响山东台风频数的变化特征及其与若干气候因子的关系 [J]. 气象科学，38（6）：749 - 758.

高晓梅，江静，袁俊鹏，等，2009. 影响山东热带气旋的频数与太平洋海温的关系 [J]. 山东气象，29（117）：8 - 14.

郭丽娜，马艳，于慧珍，2022. 青岛沿海地区大风特征及其预警评估 [J]. 海洋气象学报，42（2）：90 - 98.

韩永清，张少林，郭俊建，2015. 黄渤海一次强风天气成因分析 [J]. 气象科技，43（2）：283 - 288.

何立富，陈涛，孔期，2016. 华南暖区暴雨研究进展 [J]. 应用气象学报，27（5）：559 - 569.

胡波，杜惠良，郝世峰，2014. 一种统计技术结合动力释用的沿海海雾预报方法 [J]. 海洋预报，31（5）：82 - 86.

胡瑞金，周发琇，1997. 海雾过程中海洋气象条件影响数值研究 [J]. 青岛海洋大学学报，27（3）：282 - 290.

黄士松，1986. 华南前汛期暴雨 [M]. 广州：广东科技出版社：58.

黄勇，李崇银，王颖，等，2008. 近百年西北太洋热带气旋频数变化特征与 ENSO 的关系 [J]. 海洋预报，25（1）：80 - 87.

江敦双，张苏平，陆惟松，2008. 青岛海雾的气候特征和预测研究 [J]. 海洋湖沼通报，2008（3）：7 - 11.

李书严，马京津，2011. 城市化进程对北京地区降水的影响分析 [J]. 气象科学，31（4）：414 - 421.

李欣，张璐，2022. 北上台风强降水形成机制及微物理特征 [J]. 应用气象学报，33（1）：29 - 42.

林艳，王茂书，林龙官，2013. 四川省冬季雾的数值模拟及能见度参数化 [J]. 南京信息工程大学学报（自然科学版），5（3）：222 - 228.

林艳，杨军，鲍艳松，2010. 山西省冬季雾中能见度的数值模拟研究［J］. 南京信息工程大学学报（自然科学版），2（5）：436 – 444.

陆风，张晓虎，陈博洋，2017. 风云四号气象卫星成像特性及其应用前景［J］. 海洋气象学报，37（2）：1 – 12.

马艳，郭丽娜，郝燕，2022. 1949—2020 年影响青岛的热带气旋气候特征［J］. 海洋科学，46（1）：44 – 55.

钮学新，杜惠良，滕代高，等，2010. 影响登陆台风降水量的主要因素分析［J］. 暴雨灾害，29（1）：76 – 80.

青岛市气象局，2011—2020. 青岛市气候影响评价［R］. 青岛：青岛市气象局.

青岛市气象局，青岛市气象学会，2014. 百年青岛气象［M］. 北京：气象出版社.

任兆鹏，张苏平，马艳，等，2018. 青岛冬半年降水相态统计分析及判别方法研究［J］. 海洋气象学报，38（1）：27 – 33.

寿绍文，等，2016. 中尺度气象学（第三版）［M］. 北京：气象出版社.

孙继松，戴建华，何立富，等，2014. 强对流天气预报的基本原理与技术方法 – 中国强对流天气预报手册［M］. 北京：气象出版社.

孙兴池，王业宏，迟竹萍，2006. 气旋冷暖区暴雨对比分析［J］. 气象，32（6）：59 – 65.

王彬华，1983. 海雾［M］. 北京：海洋出版社：352.

吴风波，汤剑平，2011. 城市化对 2008 年 8 月 25 日上海一次特大暴雨的影响［J］. 南京大学学报（自然科学），47（1）：71 – 81.

夏茹娣，赵思雄，孙建华，2006. 一类华南锋前暖区暴雨 β 中尺度系统环境特征的分析研究［J］. 大气科学，30（5）：988 – 1008.

徐燚，闫敬华，王谦谦，等. 华南暖区暴雨的一种低层重力波触发机制［J］. 高原气象，2013，32（4）：1050 – 1061.

闫丽凤，杨成芳，等. 2014. 山东省灾害性天气预报技术手册［M］. 北京：气象出版社.

炎利军，黄先香，于玉斌，等，2007. 近 58 年西北太平洋热带气旋频数的气候变化特征［J］. 气象研究与应用. 28（S2）：62 – 64.

阎丽凤，杨成芳，2014. 山东省灾害性天气预报技术手册［M］. 北京：气象出版社.

叶朗明，苗峻峰，2014. 华南一次典型回流暖区暴雨过程的中尺度分析［J］. 暴雨灾害，33（4）：342 – 350.

于慧珍，马艳，韩旭卿，等，2022. 台风"摩羯"路径转折预报和诊断分析［J］. 干旱气象，40（6）：1014 – 1023.

于慧珍，马艳，韩旭卿，2023. 不同天气形势下山东半岛南部沿海大风特征及其成因［J］. 气象科技，51（1）：94 – 103.

俞小鼎，2012. 强对流天气临近预报［R］. 北京：中国气象局气象干部培训学院.

俞小鼎，姚秀萍，熊廷南，等，2006. 多普勒天气雷达原理与业务应用［M］. 北京：气象出版社.

俞小鼎，王秀明、李万莉，等，2020. 雷暴与强对流临近预报［M］. 北京：气象出版社.

袁俊鹏，江静，2009. 西北太平洋热带气旋路径及其与海温的关系［J］. 热带气象学报，25（S1）：69 – 78.

张少林，盖世民，顾润源，等. 2001. 造成我国北方暴雨的热带气旋天气学特征分析［J］. 海洋预报，18（1）：40 – 47.

张苏平，鲍献文，2008. 近十年中国海雾研究进展［J］. 中国海洋大学学报，38（3）：359 – 366.

章国材，2016. 中国雾的业务预报和应用［J］. 气象科技进展，6（2）：42 – 48.

赵玉春，李泽椿，肖子牛，2008. 华南锋面与暖区暴雨个例对比分析［J］. 气象科技，36（1）：47 – 54.

郑怡，杨晓霞，孙晶，2019. 台风"温比亚"（1818）造成山东极端强降水的成因分析 [J]. 海洋气象学报，39（1）：106 – 115.

周斌斌，蒋乐，杜钧，2016. 航空气象要素以及基于数值模式的低能见度和雾的预报 [J]. 气象科技进展，6（2）：31 – 43.

周厚福，郑媛媛，李耀东，等，2009. 强对流天气的诊断模拟及其预报应用 [M]. 北京：气象出版社.

周明飞，杜小玲，熊伟，2014. 贵州初夏两次暖区暴雨的对比分析 [J]. 气象，40（2）：186 – 195.

朱乾根，林锦瑞，等，2009. 天气学原理和方法（第四版）[M]. 北京：气象出版社.

邹树烽，顾润源，朱官忠，等. 1997. 影响我国北方热带气旋的若干统计特征 [J]. 气象，23（7）：42 – 45.

HUTH R，1996a. An intercomparison of computer-assisted circulation classification methods [J]. Int J Climatol，16（8）：893 – 922.

HUTH R，1996b. Properties of the circulation classification scheme based on the rotated principal component analysis [J]. Meteor Atmos Phys，59（3 – 4）：217 – 233.

HUTH R，2000. A circulation classification scheme applicable in GCM studies [J]. Theor Appl Climatol，67：1 – 18.

HUTH R，BECK C，PHILIPP A，et al，2008. Classifications of atmospheric circulation patterns [J]. Ann N Y Acad Sci，1146（1）：105 – 152.

SHERPARD J M，PIERSE H，NEGRI A J，2002. Rainfall modification by major urban areas：Observation from spaceborne rain radar on the TRMM satellite [J]. Journal of Applied Meteorology，41：689 – 701.

WANG C，ZHAO K，HUANG A，et al，2021. The crucial role of synoptic pattern in determining the spatial distribution and diurnal cycle of heavy rainfall over the south China Coast [J]. Journal of Climate，34（7）：2441 – 2458.

ZHAO Y Y，ZHANG Q H，DU Y，et al，2013. Objective analysis of circulation extremes during the 21 July 2012 torrential rain in Beijing [J]. Acta Meteo Sinica，27（5）：626 – 635.